U0170869

怪咖动物侦探
URBAN WILDLIFE
我们的野生邻居

黄一峯 著

中国友谊出版公司

这是序哦！

怪咖写的

作为一个野生动物摄影师，常常要待在野外记录自然生态的点滴。2013年因缘际会下，我在上海成立了自然野趣生态教育工作室，将工作重心转向城市，带领城市里的孩子与父母，跟大自然建立联结。在此之前，"自然"这件事对我来说原本是兴趣与爱好，当它要变成"教育"与"学习"的内容时，感觉一切就变得不那么简单了。我也曾经一度相当烦恼，不知该怎么做，后来慢慢地思考，回想自己与自然认识的过程：是怎么样爱上自然的？在什么时间与地点？最后找到了两个关键词："城市"与"生活"。

从小，我就在台北车水马龙的城中区长大，身边唯一说得上有点自然的环境大概就是公园、校园和住家附近行道树绿化带。这些看似平凡无奇地方，却造就了我这个怪咖动物侦探！当然，这一切都是源自观察力与好奇心。我一直是个好奇宝宝，对大自然的一切都充满了疑问与兴趣，最开始探索的便是生活周遭的生物。有了兴趣之后，不断自我学习与积累，对自然的了解越来越多，探索的脚步也从城市迈向真正的荒野，直到今天，自然已成为我生命中最重要的一部分。

过去几年，我在大树文化担任自然图书编辑与美术设计，有机会阅读最专业的第一手自然图书作品，它们让我如获至宝、受益匪浅，但这些书常常叫好不叫座。当我有机会直接面对读者们，这才明白，许多人对这些书的内容并不是没有兴趣，只是因为艰涩的学术表述方式才打了退堂鼓。这些年，因为要教孩子和没有自然知识背景的父母，我有比较多的机会扮演为大自然"转译"的角色，不断尝试用各种方式，在科学的基础上将自然知识"翻译"成浅显易懂的内容，用更有趣的方法来说故事。几年实践下来，这样的方式的确帮助很多人又燃起了对大自然的兴趣。

距离我上一部作品面世已经过了几年时间，好多朋友一直关（鞭）心（策）我下一本书出什么，内容是蛮荒探险还是与兽共舞？虽然这几年陆续累积了许多在世界各地记录的自然作品，但这一次，我还是决定从身边的生物开始写起。你可能无法亲身前往非洲大草原、黄石公园，但是你随时可以到附近的公园、植物园去走走。虽然这本书里面的主角们没有大象、狮子来得有知名度，但它们的生活故事同样精彩绝伦。所以与它们同居在一个城市的你，是要选择当"最熟悉的陌生人"，还是要试着与它们做朋友？

这本入门级的轻图鉴，你可以当作解压的故事书、漫画书来阅读，里头写的可都是我长期调查这些都市生物的八卦！无论你是学生、上班族还是银发族，观察自然没有门槛，只要有一颗八卦自然的心，你会发现更多充满野趣的秘密。

这是为你写的书，请享用。

怪咖动物侦探 / yi feng 黄一峰

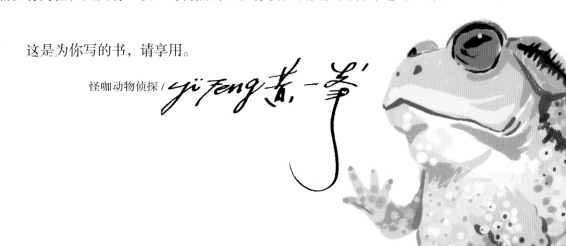

目录
CONTENTS

PART 3 两栖爬行怪咖

花 龟	68
巴西龟	71
壁 虎	74
中华蟾蜍	78
黑眶蟾蜍	82
沼 蛙	86

PART 4 虫虫怪咖

黑蚱蝉	90
蚊 子	93
美洲蟑螂	96
白额巨蟹蛛	100

PART 5 外来怪咖

非洲大蜗牛	104
罗非鱼	107
还有后记！！！	110

PART 1 鸟类怪咖

麻 雀	2
白头翁	10
乌 鸫	16
暗绿绣眼	20
领角鸮	24
鸠鸽家族	30
黑冠鹃	40
夜 鹭	44

PART 2 哺乳怪咖

东北刺猬	50
鼩鼱	54
赤腹松鼠	58
黄鼠狼	63

PART **1**

鸟类
怪咖

URBAN BIRDS

超有事的 麻雀
TREE SPARROW

别名　树麻雀、家雀儿。
大小　体长约 14 厘米。
食物　杂食性。
栖息地　人住哪儿它住哪儿。

被他这一画，我们像抢匪！

你说气不气人

我妈生的我也没办法

络腮胡

黑眼罩

黑痣

麻雀可以说是到处都能见到的鸟类，也是我们最熟悉的动物。很多人都说："我觉得全世界的麻雀都长得一样！"所以，它们有什么好看的？

麻雀这个怪咖几乎在有人类生活的地方，都可以见到它们的身影。我们很可能天天都会见到它们，但是一说起麻雀这种鸟，才惊觉我们对它们根本没有想象中那么熟悉。你应该不知道其实娇小的麻雀，是留着络腮胡、戴着黑眼罩、脸上长着两颗大黑痣的鸟吧？如果它们是人类，这样的造型，像极了电影里抢匪的装扮。

有人类的地方就有它们

我们都只知道它们很吵，喜欢一大群聚在一起，然后，对它们就没有其他印象了！相信你也没见过麻雀的巢吧，其实我也不曾见过麻雀巢完整的样子。这是聪明的麻雀和人类"混居"的结果，它们常选择在房屋的各种孔洞、屋檐缝隙、招牌空隙等地方筑巢，根本不需经过你同意，就大摇大摆地把你的空间当作"产房"，根本就是一种"你家就是我家"的概念。因为这个怪咖的筑巢习惯，所以麻雀又被称为"家雀（qiǎo）儿"。

麻雀将巢随兴地筑在房檐下的夹缝中。

它们很懂得利用人类的建筑构造来筑巢，一到繁殖季，只要它们看上哪里的空间，就会在那里头铺上干草。不过我感觉它们是鸟类中比较粗线条的爸妈，几次窥探它们在各种缝隙里筑的巢，就只看到一堆干草铺满整个孔隙，仅剩下一个口子可供进出，只能用一个"乱"字来形容。和同样栖息在城市周遭的另一种常见鸟类暗绿绣眼鸟所筑的精致小巢相比，根本是天壤之别啊！

粗线条的麻雀爸妈

我小时候遇到过一对麻雀爸妈，跑到阳台的热水器上方筑巢。一开始我们只觉得奇怪，因为每次洗澡都会闻到东西烧焦的味道。后来亲鸟[1]把草越铺越多，直到看到烟从热水器冒出来，才被我们发现。爸爸紧急把热水器外壳拆开，清出了一大堆枯草。幸好这个巢只是半成品，麻雀妈妈还没来下蛋。我还因此觉得惋惜，想象着麻雀宝宝在热水器上孵化的模样，但想到洗澡时开热水，热水器点火"轰！"的一声……我就不敢想下去了。

就是爱热闹

麻雀们喜欢群聚在一起，这样才能一起抵御天敌。

[1] 处于孵化和育雏阶段的鸟类双亲通常被称为"亲鸟"。

麻雀是群居性的鸟类，它们常常在傍晚聚集在同一棵树上休息。

浑身是话题的鸟

　　不知为何麻雀这怪咖总被人类嫌弃。形容一群人说话很吵，就会说像麻雀一样；把某些女性的大转变说成是"麻雀变凤凰"，这都不知是歧视女性还是麻雀！不过另一个谚语"麻雀虽小，五脏俱全"用来比喻事物虽然小，却也样样俱全，这句话就搞不懂对麻雀是褒还是贬了。

注：因为作者懒得画内脏，故以数字代表，特此公告。

世界上的麻雀都一个样？

　　全世界的麻雀种类不少，我常称数量众多的它们是鸟类世界中的"麻雀天团"，而各种麻雀之间，部分羽色变化大，但也有些只有些微差异。其实只要仔细观察，就能看出它们的不同。像国内除了常见的树麻雀外，还有一种栖息在海拔200~2200米山区的山麻雀，它们的脸少了两侧的黑点，羽色比较深。有一些种类的"造型"还挺令人惊艳的，像阿拉伯的金麻雀、西班牙的黑胸麻雀、蒙古的黑顶麻雀……都是很有型的！

很少有人仔细看过麻雀正脸，其实差异蛮大的。

麻雀的宫斗戏码

别看麻雀们都在一起行动，其实还是会常常发生争执，
一样都是为了抢夺食物、交配对象等。

打麻雀打成"国粹"

记得有一次听到广东的朋友说要去"打麻雀"，我有点着急，想问麻雀难道和他有什么深仇大恨？后来了解之后，才知道他说的是"打麻将"。麻雀是麻将的原始称呼，古代是真的因为"打麻雀"，后来才发明了现在的麻将。当时管理粮仓的官吏，为了奖励捕捉麻雀保护粮食的人，发放刻有图案的竹牌记录捕雀的数目，凭此发放奖金。"筒"代表火枪，

打麻雀

麻将古称麻雀，广东沿海、日本等地都还沿用这个旧称。

"索"代表麻雀，所以一索是一只麻雀，而"万"则代表了奖励的数目。说来说去，这项被称为"国粹"的娱乐活动，是为了防止麻雀偷吃而发明的啊！

麻雀在育雏时也会捕食虫子。

农夫的头号公敌

不过，至今麻雀还是农夫们的头号公敌。它们一定莫名其妙，为何背了黑锅？其实麻雀这个怪咖是杂食性，它们除了平常爱吃禾本科植物的种子之外，在育雏的时候也会捕食各种烦人的小虫子，所以它们也是默默地在为我们除害啊！试想，如果麻雀消失了，面对那漫天的虫子我们是不是会更加烦恼呢？！

麻雀常常在灌木丛中寻找食物，禾本科植物的种子是它们的最爱。

很高调的 **白头公**
LIGHT-VENTED BULBUL

别名 白头鹎。
大小 体长约18厘米。
食物 以昆虫、果实为主食。
栖息地 阔叶林、公园、树林中。

巧克力
巧克力

白头发

巧克力、巧克力、巧克力！站在树上发出这样叫声的，是白头翁。它在幼鸟时期拥有一头棕发，但没多久，当它从幼鸟转变为成鸟，棕发也变成了白发。一头少年白，是它最大的特色。

台湾鹎 STYAN'S BULBLL

白头翁 LIGHT-VENTED BULBUL

头发不一样

白头翁是亚洲东部常见的鸟类。
台湾苏澳以南的东南岸及南部地区，
有另一种特有种——乌头翁（台湾鹎），
和白头翁最大不同就是头顶的羽色。

　　这位怪咖也可以说是"型鸟"，白发基本上分布在后脑勺，生气时还会"怒发冲冠"，那上扬的白毛十分抢眼。这一撮白发在它三个多月大的时候就会慢慢长出来，用"少年白"来说它还真是贴切。我常常觉得它还没长大，就已经老了！

　　每一年的春夏交界，就是白头翁的求爱季节，这个老小子到了繁殖季，就会活力四射、战斗力十足。不过，到了这时候我就遭殃了！

有毅力的舞者

曾经有一只热情澎湃的白头翁，我叫它"小白"，在那一年的6~8月，连续三个月，每天凌晨5点50分准时到我家阳台报到。这个时间我通常都还在被窝里，它在阳台外头的树上唱出一串高声调的情歌，一唱就十来分钟，虽然歌曲并不太难听，但高调的歌声在清晨显得特别刺耳，常常把我吵醒，实在很困扰。

有一次，我熬夜赶稿，小白又来到窗外叫，我才惊觉已经凌晨5点多了。这时外头天才蒙蒙亮，我透过窗帘缝隙往外窥探，看到它站在一根细枝上，一边叫一边伴着晨光跳着舞。虽说是舞步，却稍嫌简单，就是一直振动翅膀。我急忙在昏暗光线中搜寻着四周是否有其他听众，看了十几分钟，都没看到有其他白头翁出现，感觉就是一场独舞。这情景看得我心生敬佩，也有些替它着急，因为我的记忆中，小白这个舞蹈可是连续唱跳了几个月，每天时间一到就会准时出现，实在是精神可嘉！

不过小白兄弟你也太悲惨，怎唱了三个月还是乏人问津啊？

清晨的求婚舞

求偶季的雄白头翁常会在天刚亮时，
一边叫，一边压低身子微微摆动翅膀，
再加上一点碎步移动，这就是白头翁先生的求偶舞。

[1] 意为摇摆。

善用资源的亲鸟

没多久，阳台的树上出现一个未完成的巢，可能是小白求婚成功后筑的。我开始观（偷）察（窥）它，发现逐渐成形的鸟巢中间，夹杂着几条一次性筷子的包装袋。原本为它们担心是不是都市里的巢材不够，后来发现巢的主体材料90％是植物，而塑料袋被夹藏在巢的中心位置。虽然无法证实是否刻意，但多次观察发现鸟类是会随着环境变化而选择一些人工材料，用以加固自己的爱巢。

白头翁亲鸟叼回塑料绳来当成巢材。

求偶中的小白，一边唱歌，一边摆动翅膀跳着它的求偶舞蹈。

自然产生一股帅感

我家就是你家

这位情圣，就此携家带眷在我家阳台"暂住"。从巢筑好，到下蛋、雏鸟孵化、育雏，前后大约经历一个月的时间。这一个月里，亲鸟变得非常凶，只要我跨出阳台一步，它们立即会"升空"飞到制高点，然后，用高亢、连续的叫声来驱赶我。这样的猛烈攻势，害得我和家人都不敢到阳台浇花。结果，那一年5~8月，阳台花园里每月一巢，一共三巢，共有十只白头翁宝宝在这里出生。虽然不能证实是同一对亲鸟所为，不过看着白头翁家族飞来飞去，也成为那一年特别的夏日记忆。

繁殖季勿扰！

据我观察，白头翁是领域性相当强的鸟类。尤其到了繁殖季，连喜鹊、斑鸠这些块头比它大的鸟，只要进到阳台还是会被强力驱赶。有一天，我趁着亲鸟都飞出去觅食时，偷偷地拿着相机要去拍巢里的雏鸟。一踏入阳台，就瞄到围墙上站了一只麻雀，我不以为意，但当我一靠近鸟巢，那只麻雀竟然大叫了起来。过没多久，白头翁亲鸟就赶了回来，和麻雀一起站在围墙上对我发出驱赶的叫声。难道，刚刚那只麻雀是白头翁宝宝的警卫？这次奇怪的体验，至今仍是无解的谜题，但看它们一起站在围墙上的样子，肯定是同伙！

麻雀警卫

麻雀帮白头翁示警的画面，若非亲眼所见，很难相信跨鸟种间有这样的合作关系。

为子尝粪

白头翁在育雏初期，也就是雏鸟孵化后的 5 ~ 7 天，
常常会有亲鸟吃掉宝宝粪便的情况，
这是因为刚孵化的雏鸟消化系统尚未发育完全，因此拉出来的还是"食物"，
而在一周之后，就不会见到亲鸟为子尝粪的现象了。

白头翁亲鸟在育雏期间，每隔一小段时间就会叼食物回来喂食雏鸟，相当辛苦。

低调音乐家

乌鸫
BLACK BIRD

别名　百舌、反舌、黑鸫。

大小　体长约21~29厘米。

食物　昆虫、蚯蚓、种子和浆果。

栖息地　海拔4500米以下各种绿地。

乌鸫这个名字，常常让人联想到吃的东西。没办法，谁叫它的名字和"乌冬面"发音相同呢！不过可别小看它一身蓝黑衣其貌不扬，适应能力超强的它分布超广，从西北的新疆和西藏，一直往东南，直到广东和海南，可以说从平地一直到海拔4500米都可见到它的身影呢！ [1]

[1] 国内的乌鸫种类分成乌鸫、藏乌鸫和欧乌鸫三种。

乌鸫和很多习惯栖息在树上的鸟不太一样，印象中几乎每次看到它都是在公园绿地上走动着。很多不常看鸟的人还把它当成了"乌鸦"，虽然它们都是身着蓝黑衣的鸟，而且"鸦"和"鸫"仅有半字之差，但它们却分属不同的家族。仔细看乌鸫，你会发现它的眼眶是黄色的，仿佛戴了黄色眼镜，还搭配了像涂了黄色唇膏的嘴喙，感觉就是一只对外观有追求的"型鸟"。

一身黝黑的乌鸫常让人忽略它的存在。

乌鸫吃墨鱼面?

我曾经在上海动物园的大草坪上跟踪乌鸫一个多小时，只是好奇它到底一直在草坪上走来走去做什么。生性害羞的它蛮怕人的，我一靠近，它就小跑步加上短飞行，始终和我保持一定的距离，最后我只好躲在一棵大树后头。为了看清楚它的一举一动，我趴在地上，透过望远镜观察。这举动引来一堆人围观，在我身旁议论纷纷，当我告诉他们我在看那只黑鸟的时候，有人以不可置信的语气说："黑乎乎的鸟，有啥好看？"唉，面对这害羞的鸟，只有这样才能看清它的行为啊！乌鸫在草皮上基本都是在找食物，但它动作很快，我一直看不清楚它吃什么，直到它从土里拉出一条黑色像面条的东西正要吞下肚。这时正好一个小朋友从旁边跑过，乌鸫吓得丢下口中的食物振翅而飞。我赶紧跑过去看它留下了什么，原来是半截蚯蚓！这也解开了我的疑问，因为我总觉得它在吃墨鱼面！看来，蚯蚓应该是它最爱吃的食物吧！

乌鸫正在享用它的蚯蚓大餐。

不以外表取胜的音乐家

那次观察的经验让我对这黑黑的鸟有了初步的认识，不过我还是没有搞清楚它的叫声是什么，因为每次听到的都不太一样。为了确认它的叫声，我上网搜寻，结果搜寻到了乌鸫另外一个名字"百舌"。原来这种在鸟界样貌普通的黑鸟竟然是著名的口技专家，古人发现乌鸫能学百鸟之音，所以给它"百舌"的称号，宋代诗人文同还以"百舌鸟"为名写了七言古诗："众禽乘春喉吻生，满林无限啼新晴。……就中百舌最无谓，满口学尽群鸟声。……"

模仿情歌高手

乌鸫模仿其他鸟的叫声，
是为了增加求偶时叫声的丰富度，
叫声越是特殊，越容易受雌鸟青睐。

可见乌鸫的学舌能力非凡，这也难怪我每次听到它的叫声都有些不同，曾有人统计乌鸫能学 100 多种鸟叫的声音，不止如此，像口哨声、笛子、小喇叭等它也都可以模仿。不仅中国古人为乌鸫写诗，西方人还把它视作心中的高雅乐者，他们形容乌鸫歌声像人类的音乐，法国作曲家奥利弗·梅西安（Olivier Messiaen，1908—1992）更是把乌鸫优雅的鸣音谱成了名为《乌鸫》（Le Merle Noir）的名曲，可见乌鸫的叫声可是让它颇负盛名。

身价不凡的国鸟

　　自从知道乌鸫是著名音乐家之后，每次见到它我都会多看两眼，心想着它会不会唱一两首好听的歌给我听。不过低调的它总是在我靠近时就飞走，要不然就是忙着找东西吃，使我无缘得闻它的歌艺。但这也无损我对它的崇敬，因为它还有另一个更强大的头衔——"瑞典国鸟"。可能你觉得没什么，乌鸫在我们这儿随处可见，有什么稀奇，不过"随处可见"可能也是它的强项之一，从平地到海拔4500米都可以生存！所以啊，要当国鸟一定要有它的"过鸟"之处，不但要唱歌好听，还要有强大的适应力呢！以后你在家附近遇到这么强大的它，就可以跟别人嘚瑟："瑞典国鸟是我邻居！！"

乌鸫常利用人类建筑物缝隙来筑巢育雏。

[1] 瑞典语：喂，你好！

我很像叶子吧!!

眼线
有认真画

别名　绿绣眼、绣眼儿、青苗仔。

大小　体长约8~11厘米。

食物　以昆虫、花蜜、花粉、果实等为食。

栖息地　低至中海拔区域普遍可见。

很不好找的 **暗绿绣眼**
SWINHOE'S
WHITE-EYE

每次只要听到外头有"迪——迪——迪"的叫声，我就知道是暗绿绣眼鸟来了，不过我真的很讨厌在树上找它们，因为个子超小的绿绣眼和叶子让人傻傻分不清楚！

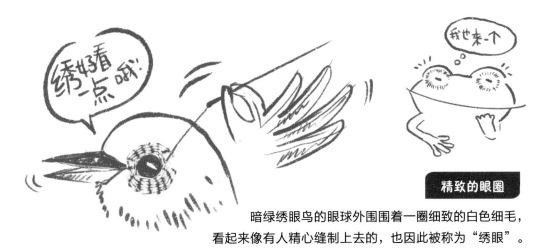

精致的眼圈

暗绿绣眼鸟的眼球外围围着一圈细致的白色细毛，看起来像有人精心缝制上去的，也因此被称为"绣眼"。

　　我常觉得暗绿绣眼鸟这个怪咖的隐身咒一定很厉害，要不然怎会老找不到它们？不过我对它们的讨厌仅止于它们躲躲藏藏的时候。当暗绿绣眼鸟出现在空旷处的时候，那圆润小巧的身形，以及绿、黄、白完美结合的羽色，加上脸上那仿佛一针一线绣上的细致眼圈，应该没有人能抗拒这样可爱的萌物吧。

暗绿绣眼鸟是城市里最萌的鸟类之一，但要看清楚它们的模样很不容易，因为它们实在太好动了。

隐身叶子中

暗绿绣眼鸟翠绿色的羽毛跟叶子颜色很像，
加上和树叶大小相近的体形，
让它们躲藏在枝叶间很不容易被看见。

拥有五星级的家

只要有盛开的花朵，就能看到它们造访，因为娇小的它们很喜欢花蜜，当它们探头到花朵里大快朵颐时，同时也为花儿进行授粉。它们小小的嘴，像小镊子一样灵活，你如果看过它们的巢，就会知道我为何这样说了！比起随性杂乱的麻雀巢和稍嫌粗犷的白头翁巢，暗绿绣眼鸟的巢可以说是巢中精品。经过亲鸟细

暗绿绣眼鸟细尖的嘴喙像一个精巧的镊子。

心编织的巢小而细致，吊挂在树枝上的部分，有些还会用蜘蛛丝补强。另外，可以说暗绿绣眼鸟这怪咖有点强迫症，它们的巢永远是干干净净的。

有着良好保护色的暗绿绣眼鸟藏身在树叶之间，如果不发出叫声，很难发现它们的存在。

吹笛子的小鸟

　　"迪——迪——迪——"暗绿绣眼鸟清澈美妙的叫声很好听，因为这样的叫声，所以它们也被叫作"青笛仔"。不过不知这名字是谁取的，我觉得它们的叫声其实比任何一种笛声更清脆悦耳啊！但这样好听的叫声却让它们难逃"牢狱之灾"，因为有些人喜欢听它们的歌声，就从野外把它们抓来关在笼子里，让它们只为自己唱歌。每次看到被关在笼子里的暗绿绣眼鸟，我都不禁想，到底它们是在唱歌，还是在拼命喊救命呢？

清脆的叫声

有人形容暗绿绣眼鸟的叫声像笛声般清脆。

嗯！OWL

这叫"耳羽"，很特聚！

标准夜猫子

领角鸮
xiāo
COLLARED
SCOPS OWL

别名　猫头鹰、夜猫子。
大小　体长约 22~26 厘米。
食物　昆虫、小型鸟类、哺乳类及两栖类。
栖息地　校园、都市公园。

　　很 多麻瓜 [1] 都是看了《哈利·波特》之后，迷上了送信的猫头鹰的，所以当我告诉很多朋友城市公园的树上就住着猫头鹰时，他们都会瞪大双眼，要我带他们去看。唉！这些麻瓜，当知道得趁夜黑风高，才有机会看到猫头鹰时，都纷纷打了退堂鼓。

[1] 麻瓜一词源自小说《哈利·波特》，意指不懂魔法的人类。

猫头鹰这个怪咖大名叫"领角鸮"，是名副其实的"夜猫子"。我们都误以为要到荒山野岭才可以见到它的身影，但其实我们生活城市周遭的绿地、校园或公园都是它的栖息地。

城市里的隐形高手

虽然它和我们住得近，却只有少数人亲眼见过它。这跟我们是不是麻瓜没有关系，但它有自己的一套"魔法"倒是真的。它在夜间活动时，会启动"静音模式"，它翅膀上的每一根羽毛都自带着消音器[1]，让它飞行时不发出一丁点声音，除了偶尔几声"呜——呜——"的叫声之外，它能完全地隐身在夜色之中。而白天它又施展另一套"隐身模式"，找一处树干花纹与其身体斑纹相似的地方睡觉，其身形与色彩融入环境的程度堪称完美。

真正夜猫子

领角鸮是夜行性动物，
偶尔会在白天发现站在树上睡觉的它们，
请静静观察，不要干扰它们休息。

[1] 猫头鹰的翅膀羽毛前缘的梳状锯齿，以及天鹅绒般的表面都可以让它们在飞行时不发出声音。

城市里的大吃货

领角鸮之所以住得离人类那么近，主要是因为它"吃得随性（随便）"。领角鸮的菜单堪称丰富且多样，有调查指出，随着栖息环境的不同，它的猎物也随之变化，像老鼠、蜥蜴、青蛙、斑鸠、麻雀、白头翁，甚至蟑螂等城市里常见的生物都在它的食物清单里。

很多鸟类的繁殖都会选在春夏两季，而领角鸮这怪咖却选择在每年10月到来年2月的秋冬季节繁殖。之所以会选这时节，研究人员推测跟它喜爱捕食鼠类以及环境温度有关。

遗留厨余露行踪

我常常到曾经有人目击领角鸮的地方，看看能不能与这怪咖偶遇。但我知道成功找到它的机会很少，所以每当搜索完头顶的树林之后，会接着观察地面，因为它会通过留下"食茧"来刷存在感。"食茧"是领角鸮饭后将无法消化的部分，像毛发、骨头、鞘翅等东西结成块状吐出的呕吐物。如果在地面上找到食茧，就表示它还在这里生活。唉，要见它一面，除了要能识破它的日夜魔法，还要学会搜索，真是难倒侦探了。

真假耳朵　领角鸮头部左右各有一簇称为"耳羽簇"的羽毛是它的特征之一。耳羽簇不是耳朵，它面部羽毛下的耳孔，才是猫头鹰真正的听觉器官。

领角鸮的食苿

领角鸮会把无法消化的鼠毛、骨头、昆虫残渣等
在胃里集结成团之后吐出来。观察食苿里残留的骨头，
可以分析出它的食物有鼩鼱、小型啮齿类以及昆虫。

领角鸮在繁殖季时，会在公园里的树洞筑巢育雏，它身上的斑纹几乎和树干融为一体。

领角鸮亚成鸟

咕个不停……

鸠鸽家族
PIGEONS & DOVES

咕咕—

这个家族的成员，长年居住在城市里，与人类生活相当亲近，甚至密不可分，但是你一定搞不清楚其中有哪些种类，只记得它们总是一天到晚"咕——咕——咕——咕——"地叫。让我们来仔细看看这些怪咖到底有哪些不一样！

咕!

① 家鸽
DOMESTIC
PIGEON

闪亮围脖

别名 鸽子、粉鸟。

大小 体长约 29~33 厘米。

食物 植物果实和种子。

栖息地 人住哪儿它住哪儿。

说到鸽子，大家一定相当熟悉，它们那有着亮闪闪光泽的脖子实在令人难忘。但你一定不知道，它们的老家在中非、南欧、中亚等地区[1]。我一直很好奇，为何原本住得离我们遥远的鸽子，会变得到处都是？

使命必达的送信使者

你一定听过古代的书信往来方式是"飞鸽传书"吧？虽然自从电影《哈利·波特》上映之后，鸽子邮差没有猫头鹰邮差红了，但在古代，鸽子因为拥有能够长途跋涉找路回家的超能力，早就被人们当成送信的信使，因此，自古以来它们就和人类建立了良好的关系，被引入各地饲养。鸽子被视为和平的象征，据说是源自《圣经·创世纪》篇中，上帝看到人类的种种

[1] 生活在老家的野生鸽子是家鸽的祖先"原鸽"。

罪恶，决定用洪水毁灭这个世界。诺亚按照上帝的要求建造了一艘庇护部分生灵的方舟，后来洪水自天而降，毁灭了地上的一切，只有方舟上的生命存活下来。诺亚请鸽子去看看洪水是否退去。鸽子出去之后没多久，嘴上衔着橄榄枝飞了回来，表示一切和平落幕，因此后来人们就把鸽子当作和平的象征，在许多活动中，都会有放和平鸽的仪式。

和平鸽的由来

鸽子作为世界和平象征的推手，
始于西班牙的艺术大师毕加索。
为纪念在华沙召开的世界和平大会，
毕加索挥笔画了一只衔着橄榄枝的飞鸽。
智利的诗人聂鲁达称它为"和平鸽"，
自 1950 年 11 月起，
鸽子被公认为和平的象征。

自带导航的专业邮差

人类早在数千年前就有驯化信鸽传递信件的记载，
科学研究鸽子具有像磁性罗盘的感知能力，
这让鸽子能利用地球磁场来导航、辨认方位，
电影《哈利·波特》里送信的猫头鹰，
事实上是没有这项能力的。

食物丰富、鸽满为患

虽然说它们身负如此神圣的意义，又曾经和人类有如此深厚的关系，但是这怪咖却让人又爱又恨，在许多大城市里已经鸽满为患，大量的排泄物既破坏卫生，又威胁到原生斑鸠的生存，所以当你在公园里见到嘴中"咕咕——咕咕——"叨念且踱步的鸽子时，请忍住不要喂食它们，因为你的喂食，会让它们继续无限地繁殖，结果会蛮可怕的喔！

城市里的野化家鸽常常被人喂食，所以看到人都会主动靠近。

② 火斑鸠
RED COLLARED DOVE

咕! 我是男生

♂

半圈黑色围脖

一只爱黑色

咕! 我是女生!

♀

别名　红鸠、红斑鸠。

大小　体长约 20~23 厘米。

食物　以草本植物的种子为食。

栖息地　海拔 2000 米以下的公园与校园。

　　火斑鸠是鸠鸽家族里最朴素的一个，体形较小的它们身体颜色偏红，脖子上只披着一小段黑色的围脖。要辨认它们的雌雄也相对简单，男生羽色比较鲜艳，而女生身体颜色比起来就淡了许多，好像褪了色一样，所以乍看以为它们是不同种的斑鸠。

　　不过不要小看它们个子小，因为它们是以数量取胜的，常常成群结队地停栖在电线、树枝上，所以遇到时，要仔细看一下它们的特征，如果自作聪明把它们当作其他斑鸠的幼鸟，那就大错特错啦！

一对正在求偶的火斑鸠，看得出雌雄吗？左侧羽色较鲜艳的是男生，右边则是女生。

粗线条保姆

比起其他鸟类，火斑鸠爸妈显得粗枝大叶，它们育雏的巢看起来很简陋，感觉就是用细树枝"摆"成像盘子的形状，有很多孔隙，因此幼鸟也常常落巢。比起鸠鸽科鸟类摆放树枝的方式，很多鸟筑巢方式是用编织方式固定巢材，也相对安全牢固。

走简约风的巢

火斑鸠和其他斑鸠一样，筑巢都是走"简约风格"，
说白一点就是搭得比较随（随）性（便），
这是整个鸠鸽家族的风格。

姑姑——

姑姑——

珍珠挂饰
闪亮华丽

栖息地：海拔 1700 米以下的公园与校园。
食物：以谷类、种子为主。
大小：体长约 30 厘米。
别名：斑颈鸠、斑甲。

③ 珠颈斑鸠
SPOTTED DOVE

清晨六点，窗外传来一阵"姑姑——姑姑——"的声音，这已经是连续第五天被它叫醒。我恨不得拉开窗帘，大喊一声："小龙女[1]不在这儿啦！"不过，毕竟我是喜欢动物的人啊！窗外这位仁兄，是只珠颈斑鸠，可能是因为空调外机架是制高点，所以才天天来唱求婚进行曲。我直接叫它"杨过"。

有一天，"杨过"又在窗外唱歌，而且唱得越来越快，我被它吵得睡不着，索性撩起窗帘一小角偷看。原来今天这家伙身边有个伴儿，只见它绕着它的"小龙女"一边叫着一边上下点头，脖子上珍珠项链般的羽毛呈现出一种特殊的律动。它就这样一直持续了快十分钟。我一边偷窥一边担心它再跳下去会不会抽筋……最后两只鸟突然毫无预警"噗"的一声飞走了。到底求婚成功了没，我是没看到，不过那天之后，"杨过"就没再来我窗边找"姑姑"了。

[1] 小龙女为金庸小说《神雕侠侣》之中的女主角，男主角杨过称其为"姑姑"。

珠颈斑鸠的"姑姑——姑姑——"
求偶歌声节奏没有山斑鸠来得快,
它会一边唱一边来回小踱步。

有趣的爱现行为

　　珠颈斑鸠这个怪咖求偶时的招数除了叫以外,还会飞到高楼楼顶,从上一跃而下,将翅膀、尾羽全展开来滑翔,就像一只风筝一样滑过天空。这是它在"秀肌肉"——学术上称其为"展示飞行",这是专门给"小龙女"们看的表演!这种怪咖行为只发生在繁殖季,其他时候,它可是都老老实实地在地上来回踱步找食物呢!

展示飞行

雄珠颈斑鸠在求偶季时会从制高点
向下俯冲滑翔做"展示飞行",希望受到雌鸟青睐而得到交配权。

GU! ④山斑鸠
ORIENTAL TURTLE DOVE

黑灰横纹
低调高贵

别名：金背鸠、麒麟斑。
大小：体长约 33 厘米。
食物：谷类、植物嫩芽。
栖息地：海拔 2100 米以下的公园与校园。

　　体形比其他斑鸠都大的山斑鸠，原本大多栖息在中海拔山区的阔叶林，也不知为什么，这怪咖突然在这些年纷纷搬到都市里生活。现在在很多公园里都可以见到它们踱步觅食的身影，到底是都市的环境变好了，还是在这里觅食的机会增多了让它们搬家了呢？我们就不得而知了。

　　不过，一到春夏之际，就有机会看到成双成对的山斑鸠在公园里的树上秀恩爱，雄鸟和雌鸟靠在一起，互相帮对方理毛，卿卿我我一番之后才完成交尾，非常有意思。

除了"咕咕咕——咕咕咕——"唱比珠颈斑鸠更快节奏的情歌之外，
秀恩爱相互理毛更是山斑鸠求偶的精彩过程之一。

颈部特征大不同

很多人把它们跟珠颈斑鸠搞混，其实山斑鸠脖子上戴的项链没有珠颈斑鸠华丽，只有两侧脖子上有一小片装饰。不过山斑鸠身上的羽毛就像用暗金色铺底，再画上了线，比起珠颈斑鸠朴素的羽毛，可以说高调许多。

斑纹辨识 每种斑鸠颈部都有不同的斑纹，可作为辨识的特征。珠颈斑鸠是圆珠型白色斑点，火斑鸠是黑色半颈环，而山斑鸠则是黑色及灰色相间的条纹色块。

PART 1
鸟类
怪咖
URBAN
BIRDS

蓝黑色帽子
加上帅气饰羽

你没有
看见我！

蓝色眼罩超帅

别名　黑冠麻鹭、黑冠虎斑鳽。

大小　体长约 42~47 厘米。

食物　主要以蚯蚓、两栖类为食，偶捕食小型鸟类。

栖息地　低海拔都市公园与校园。

123 木头人

黑冠鳽[1]
MALAYAN
NIGHT HERON

公 园里一对情侣指着前方树下一团黑色物体议论着，"这是假的啦！""是真的，我没骗你！"正好经过的我，也好奇地停下脚步一探究竟。当时天色昏暗，我为了看个仔细，越凑越近，树下那团东西竟然开始左右微微晃动，脖子也伸得越来越长、越来越长……

[1] 鳽为多音字，可读 jiān，qiān，zhān，yán，黑冠鳽中读 yán。

有没有觉得这样的描述好像是恐怖片的场景？这可是真实发生在台北市中心师大夜市对面小公园里的故事。制造恐怖的，是叫黑冠鹃的怪咖鸟。

示威动作

黑冠鹃感到威胁时，会伸长脖子并摇晃，这是它们的威吓方式。

超强的适应能力

1990年左右，这种怪咖被列为稀有鸟种，数量稀少，而且只在郊野地带的山林里活动。没想到几十年过去，它们不但数量稳定增长，还从山里搬到了城里绿地落脚。而且这些绿地不仅限于大型公园，连校园或是人

近年来黑冠鹃已经成为各处绿地最常见的怪咖生物。

车鼎沸的交通绿化带，都可以看到它们的身影。到底为什么从稀有变成"鸟口"繁盛，一时半刻可能说不清，只能说超佩服它们超强的适应能力。

超有自信隐身术

如果用"呆若木鸡"来形容黑冠鹃，应该很多人会觉得贴切吧！几乎都在地面上活动的它们，不知哪来的自信，总是一副"你没看见我、我不存在"的模样，像站岗的卫兵一样，一动也不动地在绿地上站着。因为就在马路边，所以这个怪咖鸟常引来路人议论纷纷，曾经还有爱（操）心人士，以为这只鸟受伤了才一动也不动，就通报动物保护站来救助，大伙才靠近它，它立刻拔腿就"跑"。我没说错，虽然它是鸟，但和不喜欢走路的夜鹭不一样（请见第44页），它会缩着脖子以步行方式逃走，老实说那模样有点像一个驼背的老人背着手在往前走，有些滑稽！当然，真正危急的时候，它还是会飞的。

怪叫的大鸟

这么说来，感觉黑冠鹃是一种住得离我们很近，但存在感却很低的鸟（因为它常常会自我隐形），从前甚至连它的叫声都没听过。有一天傍晚我听到住家附近的公园里有"固——固——固——"的怪

自带动作的歌手 黑冠鹃在唱怪怪情歌时，喉部会带有一种特殊的律动。

叫声，我好奇到底是谁在叫，跑到公园里找了好久，才发现一只黑冠鹃站在拱门上头，脖子鼓得大大的，发出这样低沉的怪叫声。后来发现，它只是在春夏季繁殖时，才会发出叫声，而且专挑黄昏和清晨，还好它平常不太叫，不然如此粗犷不悦耳的歌喉，可能一下子就被人类驱逐出生活圈了！

最喜欢和蚯蚓拔河

其实这怪咖常常一动也不动地站着，是在观察草地里是否有蚯蚓移动。它可以透过土地细微的震动和声响正确地判断蚯蚓的位置，再耐心等待，最后用它的尖嘴，将蚯蚓拉出地表祭祭自己的五脏庙，非常厉害呢！

黑冠鹃静止不动是在观察四周的动静。

偷偷接草

抖

有声音!!

敌不动我不动

戳!!

噗

拉!

淡定的猎手

黑冠鹃是我见过最淡定的猎手，常在公园里看到它在寻找食物，无论周遭有多少干扰，它仍专注地盯着地面找、看、听，直到把蚯蚓从地底拉出。

不用
睡一下吗？

我是青冻（蚊鸟）

你看
我有醒吗？

夜猫子当道

BLACK-CROWNED NIGHT-HERON 夜鹭

别名　灰哇子、夜哇子、暗光鸟。

大小　体长约 45~60 厘米。

食物　以鱼类、两栖类及昆虫为主。

栖息地　低海拔山区溪流、池塘、沼泽等环境。

在聊这位怪咖之前，有个脑筋急转弯问题要问问大家："夜鹭为什么不喜欢走路？"想到答案了吗？因为……"夜鹭（路）走多了，会遇到鬼！"（好吧！我承认是有点冷啦！）

　　夜鹭这种鸟，还真的常有怪诞的联想发生在它身上。比如闽南人常会骂人是"暗光鸟"，意指晚上不好好睡觉的人，夜鹭就莫名躺枪了，因为暗光鸟就是它的别名，但晚上不睡觉这事却怪不得它，因为它是在夜间也能活动的鸟类。不过它也不是全然夜行性，这个怪咖在白天也会觅食，所以夜鹭的睡觉时间是比较随机和零碎的。

别再把我当企鹅了

　　夜鹭除了睡觉常被说之外，它的外形也常常引起大家议论。2018年有一则中国台湾的新闻说，民众打电话报案，说看到企鹅受困溪边。因为企鹅是珍稀动物，警察获报赶至现场确认，结果只见到河床上站着一只夜鹭……这是则让人听了又好气又好笑的真实新闻，夜鹭的蓝黑色与灰色相间的羽色乍看的确和企鹅有些神似，但实际上样子也差太多了，难怪接受报案的警察受访时开玩笑地说："谁再报案说有企鹅，我就打谁！"

人家有脖子

夜鹭的脖子其实不短，
只是因为平时它都会缩着！

深藏不露的脖子

因为这一起新闻事件，夜鹭一度成了网络上讨论度很高的城市鸟类。大家议论纷纷，说夜鹭就是因为没有脖子，所以才被人误认成企鹅……事实上，它的脖子并不短，它的长脖子还是捕鱼利器，只是因为站姿的关系，感觉脖子不见了！

用面包"钓"鱼

夜鹭们常常成群站立在河堤、公园池塘边捕鱼吃，样子像一个个呆立水边的钓鱼人。不过，它们只是样子看起来比较呆萌而已。我曾经在公园池塘边上看到一只夜鹭，它不抓鱼吃，却一直注意着岸上一个带面包来喂鱼的老婆婆。我以为夜鹭也改吃面包了，结果，在老婆婆撒下面包后，夜鹭冲过去叼起水面上的面包，往一旁飞去。我跟了过去，想看看它是否会把面包吞下。结果它竟然把嘴上的面包重新放回水里，池塘里的小鱼一看到面包就一拥而上抢食。当我还在对它的这一行为摸不着头脑时，只见它伸嘴往水里一夹，嘴上马上就多了一条鱼。我原本以为是自己过度解读这件事，后来陆续在网络上看到类似的影片，才惊觉在都市里讨生活的它们，竟然学会用面包引诱鱼群来到跟前，再进行捕食，实在太聪明了！这个怪咖不但全身是话题，还是一种超级有智慧的都市鸟类！

夜鹭那尖锐如小刀般锋利的嘴，
是它的戳鱼利器，让它精准戳中大鱼，大快朵颐。

聪明的鹭鸟

除了我亲眼所见夜鹭喂鱼以外，
网络上也有绿鹭用面包诱鱼的影片，
只能说它们是相当聪明的鸟类。

夜鹭钓鱼愿者上钩

夜鹭亚成鸟紧盯一位妇人丢到水池里的面包，
它用嘴将面包挪到自己跟前，然后等待，
直到鱼群聚集啃食面包再捕食，结果收获丰硕。

没睡觉眼睛红通通?

曾经有一个孩子问我:"夜鹭是不是因为晚上不睡觉,所以眼睛红通通?"这实在太有想象力了。其实夜鹭的眼睛虹膜平时是暗红色的,如果看到它们眼睛变成红通通的鲜红色时,表示它们准备求偶、繁殖小宝宝啦!而且在繁殖期间它们的头部后方会长出长长的白色饰羽,十分帅气。

呆?

头上的呆毛

什么呆毛,这是繁殖羽,在发情求偶时才会长出来!

在水边准备捕食的夜鹭的背影,像极了背着手的老人。

PART **2**

哺乳
怪咖

URBAN
MAMMALS

长束是毛的特化

别名　黑龙江刺猬、远东刺猬。

大小　体长约 15~26 厘米。

食物　杂食性，以节肢动物、两栖类等为食，有时也取食植物果实。

栖息地　广泛栖息于各种林地、城市公园。

不是爱生气

东北刺猬
AMUR 刺猬
HEDGEHOG

我虽然浑身刺，但是我很善良！

五岁的小米跟我说了一个故事："小刺猬来到果园里，摘了好多水果，但该怎么把水果运回家呢？小刺猬想了很久，终于想出了一个好办法。它把身子一缩，团成一个球，在水果堆里一滚，把所有的水果插在自己的刺上，然后爬起来，心满意足地背着水果回家了。"

小·刺猬搬食物?

刺猬一般不会储存食物，
所以把食物插在刺上搬回家，属于童话故事的情节。

很多人可能都听过这个小刺猬搬水果[1]的故事，不过这应该属于"乡野奇谈"等级的故事，因为没有人见过刺猬身上插着水果走路呀！有时人的想象力和创造力真的很特别，不过这个虚拟的故事真的让很多孩子误会刺猬有这种搬运工的特殊能力……

保命的短刺

可不要被以讹传讹的说法忽悠了，刺猬又不是卖羊肉串或是糖葫芦的，它的刺绝对不是用来刺水果、搬食物的工具。同为哺乳动物，刺猬却与多数浑身是毛的动物们不同，它身上长满一根根密集的短刺，不过这些看起来与众不同的坚硬的短刺，可都是由毛发特化而成的。一只成年刺猬身上约有5000~8000根刺，这些都是它们的防卫武器。在遇敌人侵袭时它们会收缩全身的肌肉、蜷起身体，把自己变成一个圆球，让敌人难以下手，这就是刺猬保护自己的方法。我曾经在一个小区里遇见跌落排水沟的刺猬，因为四周都是水泥高墙而无法逃脱，我想伸手解救它，却差点打退堂鼓，因为这只紧

[1] 刺猬搬果子可能来源于欧洲人将欧洲刺猬身上吸血膨大的蜱虫看作葡萄之类的果实。

刺猬遇到敌人时会先一动也不动地观察，如果遭遇危险全身的短刺都会竖起来保卫自己。

张的刺猬全身的刺都竖得直挺挺。后来我在附近的垃圾堆里捡了一个塑料片，将它卷起移出水沟，才帮助它顺利脱困。

食性多样的吃货

夜行性的刺猬通常在黄昏之后活动，杂食性的它们菜单真是五花八门，像陆地上各种各样的无脊椎动物，如毛虫、蚯蚓、

各种甲虫或蜈蚣、蜘蛛及蜗牛，等等，如果遇见鸟蛋、雏鸟、青蛙、小老鼠等生物它们也会打打牙祭。据统计一只刺猬一晚上能吃掉至少200克以上的虫子，因此它们也是维持生态平衡的重要帮手。除了寻觅天然的食物，在某些小区里也常见到刺猬出现在垃圾堆附近，以垃圾为食，但这对它们的健康有相当大的影响。

一觉醒来春暖花开

每年秋末，气温开始骤降，圆滚滚的刺猬就会进入冬眠期，它们会大吃特吃，在身体里储存过冬的脂肪，并选择布满枯枝与落叶堆的环境，在10月底到来年3月这段漫长的时间里，一动也不动地呼呼大睡，直到来年春天，春暖花开食物相对充足之际才会逐渐苏醒，继续它们的生活。

很难想象这样特别的动物竟然是我们的邻居，不过别看它圆滚滚模样可爱，野生的刺猬身上带有一些病菌和寄生虫，有机会遇见它们不要随意触摸或是带它们回家当成宠物喔！

遇见刺猬是令人兴奋的事，但它出现在垃圾堆实在令人忧心。

长鼻子，
嗅觉超好

小眼睛
视力不太好

出没人皆知

gú jing

鼩鼱
HOUSE
SHREW

别名　钱鼠、臭鼩、尖嘴鼠。

大小　体长约 10~13 厘米。

食物　以昆虫或其他无脊椎动物（如蚯蚓）为食，也吃厨余。

栖息地　广泛栖息于华南和西南人类住家周遭。

外头又传来"唧！唧唧唧唧！"的叫声。听到这声音，应该很多人已经手抓扫把冲出来了！我常常对鼩鼱这怪咖的行为无法认同，明明是大家讨厌的对象，你也太高调了吧，出来逛大街还这么高调，大呼小叫的，生怕人家不知道吗？

很有味道的动物

"拜托，大家讨厌的是老鼠，不是我好不好！"鼩鼱愤愤不平，都是因为它的模样乍看和老鼠十分神似。但鼩鼱压根就不是鼠类，它的正式名称叫臭鼩，也不是很好听，不过我倒是觉得"臭"字还是蛮贴切的，因为它身上真有蛮重的体味！（说不定它们还觉得香呢！）

有味道的鼩鼱

鼩鼱正式名称叫臭鼩，它身上有麝香腺，所以体味浓厚。研究指出，体味是它们辨认同类、划清领域的依据。

鼩鼱不是鼠

城市里的鼩鼱有很多是以人类的厨余为食的，它们靠嗅觉来寻找食物。

鼩鼱不是鼠

很多人都以为鼩鼱是老鼠，
老鼠是啮齿目，鼩鼱则是劳亚食虫目，
两者是完全不一样的物种。

　　至于为什么鼩鼱又叫钱鼠，据传是因为有人听到它的叫声像抛掷钱币的声响。这人一定想钱想疯了！而且这人不但听觉不太好，视觉也一般，钱鼠头部很尖，身体细长跟老鼠还是有些差异的，而且老鼠是啮齿目，钱鼠是劳亚食虫目，完全不一样呀！所以它也不像常在城市出没的沟鼠，人类吃的食物它都爱。鼩鼱以昆虫、蠕虫等为主食，它们眼睛不太好，所以常凭着听觉与嗅觉来定位与觅食。

特别的搬家列车

　　网络曾疯传一段"鼩鼱列车"的影片，引发热烈讨论。影片里一只大鼩鼱带着五只小鼩鼱排成一排往前冲，好多人说是不是妈妈带小孩出门旅行，其实这是鼩鼱在搬家。鼩鼱的眼睛不太好，而小鼩鼱几乎看不见，所以每只小鼩鼱就咬着前面鼩鼱的尾巴，由大鼩鼱带着前进。这样举家迁移的方式相当特别。

搬家小火车

鼩鼱会因为繁殖的巢窝受到干扰而举家迁移，
为确保幼崽的安全，会由成年鼩鼱领头，幼崽咬着尾巴上方，
一只接着一只拖着前进，直到安全抵达新家。

常替老鼠背黑锅

其实啊，对人类来说，鼩鼱不但无害，还是环境帮手之一呢！虽然它们常常替老鼠背黑锅，上街仍然还是人人喊打，但唯一值得庆幸的是钱鼠的别名里有个"钱"字，老一辈人相信它会带财，抓到它都会放它一马，这让我联想到电影《神奇动物在哪里》[1]里的爱收集亮闪闪东西的玻璃兽——"嗅嗅"，应该找它来演！好吧，看起来成也名字，败也名字，建议钱鼠为了保命，还是少出门好了！

[1]《神奇动物在哪里》（*Fantastic Beasts and Where to Find Them*）
是一部于2016年上映的奇幻电影，其中玻璃兽是以针鼹与鸭嘴兽为原型设计的虚拟生物。

我很可爱
给我食物!!

尾巴超蓬的!

红色肚兜

我会装可爱

赤腹松鼠
RED-BELLIED TREE SQUIRREL

别名　蓬鼠、红腹松鼠。

大小　体长约 18~22 厘米。

食物　杂食，以植物类果实种子为主。

栖息地　海拔 3000 米以下环境皆有分布。

如果要说城市里最受欢迎的哺乳类动物，应该非赤腹松鼠莫属。一天到晚都有粉丝带着食物到公园里"探班"（喂食），搞得这些野生松鼠很亲人，一有人靠近就会急忙爬下树观望，生怕错过人类带来的美食。

公园里一群拿着相机准备拍鸟的人，听到树丛间"唧个——唧个——唧个——唧个——"的叫声，绕着树一直在搜寻。"奇怪，叫这么大声到底是什么鸟？"其中一个人边找边碎念。我在旁边听了只觉好笑，因为那根本不是鸟叫，而是赤腹松鼠的警戒叫声。我循着声音看去，就看到它直挺挺地趴在树干上，盯着树下叫，大尾巴还一直随着叫声上下甩动，原来树下来了一只它的世仇——流浪猫。

吃人类食物吃成大胖子

赤腹松鼠算是城市里最常见的野生哺乳动物，它们的居住区域和人相当近，也因为蓬蓬大尾巴让它们成为好感度相当高的啮齿类动物，如果这件事给体形和它差不多的大家鼠知道，会不会走上街头抗议种族歧视呢？因为与人亲近，赤腹松鼠常常对人卖萌，以此换取食物。常常看到很多人带着各种食物到公园喂它们，从水果、花生、坚果到饼干、面包，所以公园里的它们常常体重超标，都是被这些人所谓的"爱心"害了。这对赤腹松鼠来说是慢性谋杀啊，原本以天然果实为食的它们，吃了过多人类的食物，造成肾脏过于负荷，健康亮起了红灯。

你的食物我的负担

松鼠是杂食性动物，以植物类果实种子为主食，
很多人带着各种食物去公园喂食松鼠，改变了它们的食性，
也为它们带来健康的隐患，所以爱它请不要喂它。

松鼠有三窟

　　虽然这怪咖在城市里靠卖萌度日，但是大家对于它们的习性还是不太了解。你知道它们晚上睡哪儿吗？哈哈，被考倒了吧？赤腹松鼠像鸟儿一样，会在树上筑巢，不过它们筑的是一个球状的套房。它们会用树枝搭建外观，内部再用柔软的草或是棕榈树皮铺成一个可以供它们躺着的舒适空间。不过它们不会就此满足，为了躲避天敌，同一只松鼠可能会筑很多个巢，每天不一定住在哪个巢，以降低被掠食者盯上的风险！所以只听过狡兔有三窟的你，一定不知道松鼠也有三窟吧！

松鼠的树屋不仔细看就像一堆乱树枝。

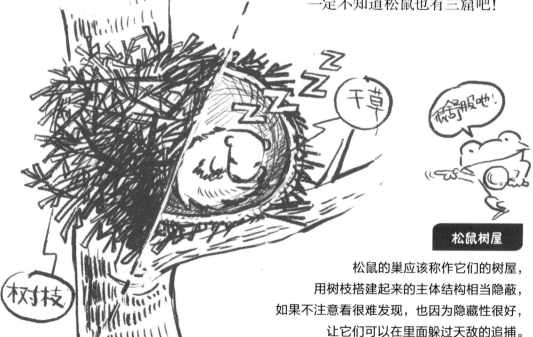

干草

很舒服吧！

松鼠树屋

松鼠的巢应该称作它们的树屋，用树枝搭建起来的主体结构相当隐蔽，如果不注意看很难发现，也因为隐藏性很好，让它们可以在里面躲过天敌的追捕。

树枝

巧遇叼着棕榈树皮准备回树屋"铺床"的松鼠，为了不让我发现巢，它一直待在原地不动。

东施效颦讨食物

说到这，不得不提台北植物园里，还曾经真的有一只不甘示弱的大家鼠，不知道是不是看了赤腹松鼠向人类讨食物有样学样，也在大白天跑出来跟人类讨食。还真有人拿面包喂它，要不是我亲眼所见，实在不可置信！

公园里的松鼠朝你跑来，为的是看看你有没有食物。为了它好，请勿喂食喔！

[1] 食物。

给鸡拜年？
我才不想
且找麻烦啦！

长身体

快跟身体一样长的尾巴

小短腿

神秘的存在

黄鼠狼
SIBERIAN WEASEL

别名　黄鼬、鼠狼、黄大仙。

大小　含尾巴身体全长 12~25 厘米。

食物　杂食性，主要以鼠类为食，也吃动物尸体。

栖息地　适应力强，低海拔至高海拔环境皆有分布。

说 到拜年，你一定会联想到黄鼠狼。大家一定都听过"黄鼠狼给鸡拜年——没安好心"这句歇后语，但我总搞不懂，个头不大的黄鼠狼为什么要给鸡"拜年"呢？看来又是个传说中的悬案。

自古以来黄鼠狼总被安上"狡诈"的印象。传说黄鼠狼喜食鸡，因此当它上门拜访鸡的时候，一定不安好心，这也就被人拿来影射某人不怀好意或别有居心。但其实黄鼠狼的身材算来纤细娇小，要与几乎比它块头还大的鸡搏斗是一件辛苦的事，所以它们捕食鸡的记录并不多。事实上黄鼠狼这个小型的肉食动物最喜欢的食物是鼠类。曾有调查统计一只黄鼠狼一天会捕食5~7只老鼠，以此类推一整年下来它们可以吃掉至少2000只的鼠类，数量惊人，堪称鼠类杀手！

（吴元奇 摄）

一只黄鼠狼正准备享用它的老鼠大餐。

黄大仙传说

民间传说里的黄鼠狼被称为"黄大仙"，相传它们很有灵性，招惹它们会引来一连串的报复，还会"附身"操纵人的心智，使其精神错乱、举止异常……这传说也让很多人不敢轻易招惹黄鼠狼，对它们敬而远之，这是在知识不足的年代乡野间以讹传讹的故事，而且经过添油加醋，让黄鼠狼有了神奇的力量；虽然说迷信是不好的，但这也让它们能逃脱杀身之祸。我不禁想象，不知道是哪一只真有神力的黄鼠狼祖先，为了延续族群性命，故意跟人类说的故事？

城市闹区的偶遇

　　一直听闻上海闹市区有黄鼠狼出没，我对此充满好奇。有一天午夜我和好友出外到便利店买东西，沿路店家差不多都打烊了，马路上暗暗的，也没什么行人。在准备过马路时，我眼角余光瞄到一只动物

大仙荒谬传闻

黄鼠狼最被津津乐道的就是"黄大仙"传闻，这个称号可能和它神出鬼没的习性有关。

黄鼠狼的适应力极强，从都市到农村、从平原到高海拔山区都有它们的身影。　　　　　　　（董磊 摄）

从旁边窜出，用比我们快的速度穿越马路，窜入对面小区铁栅栏里。我下意识地嘀咕："怎么有那么矮的野猫？"走在前头的好友转头问我："刚刚过马路的时候你有没有看见那只长长的动物？"听到他这一说，我才认真回想：短腿、长身体加上长长的尾巴，这不就是黄鼠狼的特征？想到这，两人兴奋地跑到小区门前东张西望，当然黄鼠狼早已来去无踪，只剩下行为诡异的我们站在那里兴奋不已。你说我怎会不兴奋？这可是在繁华热闹、人口稠密的上海静安区与黄鼠狼一起过马路的特殊体验呢！不过在老上海居民口中，遇见黄鼠狼并不是新鲜事，更多是目击它们去掏垃圾桶吃厨余……这似乎成了城市动物令人忧心的日常。

尾巴制神笔

小时候上书法课，我一直把老师手上的毛笔视为"神笔"，她不管怎么写都是苍劲有力，便傻乎乎地以为拥有它就能写一手好字，一直问老师笔去哪里买。她说："这支笔是'狼毫'，它很贵，你初学用一般的练习就好！"这句话不但没让我打消念头，更让我觉得拥有它才能写好书法！那个"狼"字，让我一直以为狼毫是用狼的毛做的，长大之后才知道，那个"狼"，是黄鼠狼——狼毛比较粗，做不了笔——做毛笔时取的是黄鼠狼尾巴上的毛。这才惊觉原来曾和它距离这么近啊！不过想想真残忍，为了做毛笔可是会要了黄鼠狼的命！现代制笔工艺发达，有着各式各样的替代品，要写书法请饶"黄大仙"一命吧！尤其看在它灭鼠有功的份上。

PART 3

两栖爬行怪咖

URBAN AMPHIBIANS & REPTILES

我们哪有
慢吞吞？

我们是
"动静皆宜"

一点也不慢的

花龟
CHINESE
STRIPE-NECKED
TURTLE

脖子像
套了条纹袜

别名　斑龟、条颈龟、长尾龟。

大小　成体背甲长可达约 35 厘米。

食物　杂食性，会吃鱼类、昆虫，甚至各种果实。

栖息地　低海拔水域环境，公园或校园水塘。

常常走在公园里的水池边，都会被东西掉落水里的声响吓到，这样重复好多次之后，我终于看清楚了，跳入水中的那个黑影，是一只受到惊吓的大花龟。

　　有一天，我又来到水池边。这次我放慢步伐，蹑手蹑脚地靠近水边岩石，看到上头有一只四肢敞开正在日光浴的乌龟，它伸长的脖子像是套了一只条纹袜，布满绿色直条纹。我正想要更靠近看看时，它又飞快地"砰！"一声跳入池中不见踪影，留下一头雾水的我。到底是谁说乌龟总是慢吞吞呀？我是遇到忍者龟了吗？

花龟是最常见的水龟，脖子上的条纹是它们最大的特征。

不挑剔的原生物种

这种一点都不慢的花龟又叫泽龟，是本地的原生物种。因为它们对环境适应力极强，再加上它们不挑食，水生的生物、鱼类、昆虫、植物的嫩叶、花、果等，它们都爱吃，所以在低海拔水域环境，从水流较缓的溪流、沟渠、池塘、水库到河口的红树林区，都可以看到它们的踪迹。

是放生，还是杀生？

也因为花龟生命力顽强的特性，常被商人拿来繁殖当成宠物贩售，更有一些人因为迷信，把它当作"放生"的对象，不过放生的人常常不知道，斑龟虽然生命力顽强，但是也无法承受海边以及高山低温的环境，所以原本"放生"让它们重回自然的美意，却成了"杀生"！而且还有些人会在放生前在它们背上刻字，我们都以为乌龟背上只是一个硬壳，其实龟壳是变形的肋骨，它的脊椎直接连接在背甲上，所以在上头刻字，会让它们承受巨大的痛苦啊！这光想想就觉得超痛的！

放生等于放死

有些人迷信放生乌龟可积功德，
甚至认为在龟背上刻上自己的名字能够消灾解厄，
但事实上这些都是伤害生命的恶劣行为。
随意放生更会危害本土物种的生存，
放生不但不会积功德，还会害死更多的生命。

别名　红耳彩龟、红耳滑龟、红耳龟。

大小　成体背甲长可达 20~30 厘米。

食物　杂食，以水生生物为主，不挑食的随机主义者。

栖息地　一般沼泽、池塘。

备注　外来入侵种。

不挑剔别是我的生存之道！

[1]

红色腮红很漂亮

称霸世界龟中之王
巴西龟 RED-EARED SLIDER

说 到宠物，就一定要提到另外一种很常见的巴西龟。它也是各地公园水池的常客，但它是非法居留的外籍乌龟，在头部到脖子之间有一道鲜红色的斑纹，好像涂了一块腮红。我们都习惯叫它"红耳龟"。

[1] 你觉得巴西龟会说什么？帮它填上一句话吧。

应该叫它红耳龟

巴西龟头部两侧有红色的色块纹路，好像抹了腮红，这是它最大的特征，"红耳龟"这个名字更适合它。

身世不明的巴西龟

偷偷告诉你一个秘密，其实现在在外游荡的，有可能都是假的巴西龟！有一个说法是：原本被引入当宠物的是原产于巴西的南美彩龟，但后来进口商从其他地方引进的龟，外形和现在的巴西龟很像，不过后脑勺两侧多了两个像是腮红的红色斑纹。主要原因是这种龟更易于人工繁殖，而南美彩龟要从美洲运到中国，价格比较高，以至于真正的巴西龟从名字到地位都被这种龟取代了。所以直到现在，我们常见到的"红耳龟"真正的老家不在巴西！虽然巴西龟的身世众说纷纭，但它的另外一个名字"红耳龟"，感觉更合适它一些。巴西龟因为被大量放生，现在的它以世界为家，可以说是全球分布最广的乌龟了。

偏食的肉食主义者

它的适应力比花龟还要强，所以被弃养、放生到野外的巴西龟族群相当壮大，而且它和花龟这种不挑食的乖宝宝不同，巴西龟是偏食的肉食主义者，还食量惊人，有它出现的水域原生鱼类及其他物种的生存常常会受到威胁。所以可别老是被童话故事里乌龟慢吞吞、傻乎乎的形象欺骗，其实这种乌龟动作相当敏捷、迅速，是个深藏不露的狠角色呢！

只要有水池的地方几乎都可以看见巴西龟的踪影，它们是最强势的外来种乌龟。

叠叠乐晒太阳

乌龟是变温动物，为了维持身体健康，
需要靠着晒太阳让体温升高，让循环代谢正常运作，
所以常在水池边石头上看到乌龟四肢向外伸展晒着太阳。
如果栖息地不够大，乌龟们会叠在一起，
争取用最大的面积晒到太阳。

高空作业员

壁虎
HOUSE GECKOS

尾巴易断
切勿玩弄

……

嗨,我
南部来的!

咯!　咯!　咯!

别名　壁虎、蝎虎、守宫、善虫仔……

大小　体长约 11~13 厘米。

食物　昆虫与小型节肢动物。

栖息地　人类屋舍或树林间。

"咯——咯——咯——咯——咯——"寂静无声
的夜里,从天花板突然传出一阵怪声响。这不是恐
怖片的场景,不要害怕,这夜里的怪声,在每个人
家里都有可能出现,因为这是壁虎发出的叫声。

这个怪咖发出声音，并不是要吓人，壁虎"先生"[1]是为了求偶而大唱情歌，所以在每年春夏之际的繁殖期，雄壁虎会叫得更加频繁。这一切都是为了得到壁虎"小姐"的青睐，都是因为爱啊！

南北壁虎大不同？

小时候常常听人说："台湾南方的壁虎会叫，北方的不会叫。"其实这都是传说。事实上，是因为壁虎品种不同才有这样的差异，我们常说的"壁虎"只是一个通称，并不都是同一种，像最常出现在家中的就是疣尾蜥虎和原尾蜥虎。这两种壁虎外形十分相似，"会叫的"是疣尾蜥虎，原本主要分布在台湾、海南、广东最南部和云贵南部，而另一种被认为"不会叫"的原尾蜥虎分布区域稍北一点点，包括台湾西部和北部、广西、云南、福建、四川等。不过，这里要为它们平反一下，原尾蜥虎并非不叫，而是叫声音量很低，所以并不明显。

不是不会叫，只是音量有大小

壁虎的叫声是经由喉咙发出的，它们叫是为了求偶及领域性。
会叫出大声音的是"疣尾蜥虎"，被误会不会发声的是"原尾蜥虎"，它们只是叫声很细小。

[1] 只有雄性壁虎会鸣叫。

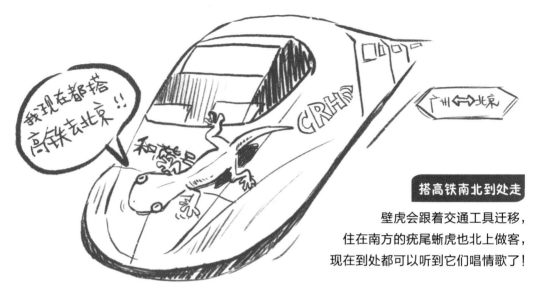

壁虎会跟着交通工具迁移，
住在南方的疣尾蜥虎也北上做客，
现在到处都可以听到它们唱情歌了！

飞檐走壁高手

壁虎最厉害的特异功能就是攀墙术了。它们脚上并没有吸盘，却能飞檐走壁而不掉下来，这要归功于它们脚掌上一条条趾瓣之间的细小绒毛，大大地增加了附着面积，好让身体可以贴在墙壁上。如果你手上没有和它们一样的构造，奉劝你不要轻易尝试！

趾瓣

壁虎攀墙术

壁虎爬墙的秘诀在于趾瓣上的毛状分岔构造，
这种构造与接触面表面分子产生交互作用，
使得壁虎可以抵抗重力吸附在墙上来去自如。

为了活命而切割

除了爬墙，壁虎也是逃生高手，"断尾求生"是它们的保命秘技。它们在遭遇到天敌时，尾巴会突然断裂，断掉的尾巴会持续扭动，引开掠食者的目光，让它们有时间逃跑得以保住性命，而断尾的个体在一段时间内，很快又会长出新的尾巴。有这超强的求生术，称它们为善于"切割"的大内高手，一点都不为过！

啖尾也求生

如果掠食者没有将尾巴吃掉，
壁虎会在危机解除后，
回来把断掉的尾巴吃掉，
一点都不浪费珍贵的食物。

断尾求生

壁虎断尾求生又称"自割"，
当它们被掠食者攻击时会将尾巴自行切断，
这大大增加了逃生的机会。

除了自割断尾求生之外，壁虎的体色会随着环境改变深浅，这是避免被掠食者发现的策略。

没有胡茬
很干净

别怕！
我很善良！

天生坏人脸

中华蟾蜍
ASIATIC TOAD

别名　大蟾蜍、癞蛤蟆。
大小　体长约 6～11 厘米。
食物　以昆虫或其他无脊椎动物为食。
栖息地　各地开阔区域，最高可达海拔 3000 米。

每次遇见中华蟾蜍这个大块头，都是在山路或步道中间，它总是一副黑社会老大的样子，仿佛在对着过路的我说："要从此路过，留下买路财。"不过这都是我们的想象，如果要选一种有冤在身的怪咖生物，一定非中华蟾蜍莫属。虽然其貌不扬，但它们可是面恶心善的代表！

中华蟾蜍是蛙类之中个头算大的一种。对，你没看错，它是"蛙类"，青蛙家族的一员。很多人直接把其貌不扬的蟾蜍独立成一种爬行类，蟾蜍们如果知道一定会大声抗议的，这根本是"种族歧视"呀！

求财就靠三脚蟾蜍精

很多人害怕蟾蜍，但在华人地区，被视为招财宝物的蟾蜍雕像却十分常见，这真是让人有点错乱。原来蟾蜍成为求财对象由来已久。传说古代有只喜欢咬钱的蟾蜍精，会把人们家中的钱财咬光盗走，让大家都变得很穷，以致民不聊生。因此天上的神明派人收伏这个妖精，并将它咬回的钱财分配给穷人。神明虽然已经降伏蟾蜍精，但又怕它不听使唤，故断其一只后脚，这样行动不便的三脚蟾蜍咬钱回家后，就不会再想往外跑，留在每个人家中，为之带来财富。这也是为什么彩券行里所摆设的咬钱蟾蜍雕像都只有三只脚的原因了。

带财的蟾蜍

很多人求财富时除了拜财神爷之外，还会摆三脚蟾蜍的雕像。
这雕像脚踩铜钱元宝，嘴里还咬着金币，是彩券迷求财的吉祥物之一。

暴力求爱的恐怖情人

虽然总是被讨厌，但其实这位怪咖就算要大声抗议也没办法，因为它没有鸣囊不会发出叫声，只有公的中华蟾蜍在被其他蟾蜍误抱时，才会使劲地发出"勾、勾、勾、勾"的声响。虽然我不懂蟾蜍语，但想也知道它正在大叫："你抱错啦！放开我啦！"

虽然不出声，在繁殖季的中华蟾蜍为了抢夺母蟾蜍——常常在湖泊或池塘里能见到五六只公蟾蜍会把母蟾蜍团团抱住——不但推挤还大打出手，现场看起来就像是一颗在水里滚动的蟾蜍球。有时争斗过程过于激烈时，还会发生母蟾蜍被公蟾蜍群体挤压而溺水死亡的意外。看来，这个蟾蜍老大还是恐怖情人呢。

全为了抢"貂蟾"？

蟾蜍在繁殖季时群聚求偶，雄蟾蜍会找雌蟾蜍抱对产卵，
但常常发生一只雌蟾蜍被众多雄蟾蜍团团包围的情况，因为蛙类是体外受精，
每只雄蟾蜍都想争取到为卵受精的机会，才会发生这种群体"抢婚"的行为。

在路上遇到了大块头的中华蟾蜍，感觉它霸气十足。

当路霸只为讨生活

很多人看到中华蟾蜍个头大、样子蛮横，以为它遭遇到危险时，会喷毒发动攻击。其实我们都把它想得太凶猛，当它遇到危险时，实际上只会虚张声势地吸气，鼓起胸膛装模作样一下，伸直四肢把身体撑高，让自己看起来变得更大，这样的防卫姿势看起来是有点不厉害。不过这一招把身体变大的方法，的确能唬到一些掠食者，让它逃过一劫。

不过，它那喜欢在马路中间当路霸的习惯，却让它常常成为路杀[1]的受害者。有时我很纳闷它到底为了什么要如此铤而走险。原来，中华蟾蜍守在路中间都是因为这里视野比较好，路面上只要一有食物出现，很容易就可以看到，而且路灯下常常有趋光而来的昆虫，随时可以饱餐一顿。冒着生命危险当路霸，这一切都是为了生活啊！

[1] "路杀"是指生物们在马路上被车子撞击而死。

摇滚装扮

黑色指甲油

黑眶 SPECTACLED TOAD
蟾蜍

别名　癞蛤蟆。
大小　体长约 5~8 厘米。
食物　以昆虫、无脊椎动物（如蚯蚓）为食。
栖息地　海拔 500 米以下开阔区域。

比起蟾蜍老大中华蟾蜍，这位"黑"道兄弟黑眶蟾蜍，样子也很有个性。虽然没有中华蟾蜍体形壮硕，但眼眶四周连到嘴巴附近的黑线加上一点一点的黑色疣粒，让它看起来像是满脸胡茬的大叔，再加上体色较黑，模样实在不讨喜。

中华蟾蜍（左）没有声囊，
黑眶蟾蜍有，因此能大唱情歌。

黑眶蟾蜍比中华蟾蜍体形小一些，但造型可是一点都不逊色。它们的身上有许多黑点，眼眶、嘴巴附近也好像刻意画了黑线，手指尖端也像是涂上了黑色指甲油，整体造型打扮就是一副暗黑教主摇滚乐手的样子。而且不像中华蟾蜍没有声囊不会鸣叫，公的黑眶蟾蜍有个大声囊，所以在春天求偶季节来临时，都会集体在池塘边"咯、咯、咯"地唱情歌。

黑眶蟾蜍身上的黑色斑点比中华蟾蜍多。

[1] 20世纪90年代在中国台湾流行的摇滚乐队，成立于1994年。

没事不会乱放毒

很多人对蟾蜍的第一印象就是"有毒"。的确，它们的皮下与身体上方两侧膨大耳后腺是有毒的，这是它们的保命工具。因为这个毒液，会让部分天敌避而远之。不过你也别想象蟾蜍没事就会放毒到处害人，这道保命符它们可是爱惜得很，除非感觉到疼痛、遭受生命危险，不然不会轻易放毒的！

一身疙瘩不好看只是为防身

不过人们看不惯它们背上的那些疙瘩突起，还给它们扣上"癞蛤蟆"这难听的称呼。以人类的眼光来看，它们的皮肤很差，布满黑头粉刺不说，还干干的、皱皱的。不过人类眼中的缺点，却是蟾蜍的优点，虽然不如树蛙的皮肤水嫩细致，但这样的外形才能适应稍微干燥的环境。

随身携带生物武器

蟾蜍的眼睛后方两侧各有一个"耳后腺"。
遇到危险时耳后腺会分泌白色毒液，但这是为了防御。
除非是受到很大的刺激，否则它们不会随便放毒。

暖心的环境小帮手

奉劝大家不要以貌取人，不对，是以貌取"蛙"。不论黑眶蟾蜍或是中华蟾蜍，很多人都只看到它们的背影，以人类的审美来说它们丑，其实人家正面还是很有型、很可爱的！而且面恶心善的蟾蜍们还是环境小帮手，会帮忙消灭各种昆虫，比如蚊子、蟑螂、蚂蚁……这些你不喜欢的虫子，它们通通都会帮你吃掉，很暖吧！其实，居住环境里有这样很丑又很温柔的蛙类，和它们一起生活着，是很棒的事呀。

中华蟾蜍的脸颊没有斑点和线条。

黑眶蟾蜍眼睛周围至吻端有黑色线条。

藏着白框耳朵

汪！

叫声像狗吠

沼蛙
GÜNTHER'S FROG

别名 沼水蛙、贡德氏赤蛙、石蛙。

大小 体长约 6~8 厘米。

食物 昆虫及小型无脊椎动物。

栖息地 低海拔水池、湿地。

"消防队吗？我要报案，有一只狗被困在水沟，已经很多天了。"消防队员接到这电话赶往现场，结果搜寻了半天，根本没看到狗，只找到一只褐色的蛙……这真实故事的主角，是叫声"汪——汪——"像狗吠的沼蛙。

一鸣惊人　沼蛙的超大叫声，是因为它拥有一对像是吹大泡泡的"双鸣囊"。

狗叫声的误会

说实在的，我第一次听到也是到处找狗呀，也难怪那人会打电话给消防队了。这怪咖生性害羞，只要一感觉有人靠近，就会躲起来，而且它常常不分白天夜晚地躲在水沟里、蜿蜒管道中鸣叫，响亮的声音四处窜，让人根本搞不清它藏在哪儿，所以很少有人特别注意过它的模样，是个神秘的家伙。

双声囊吹泡泡

沼蛙的叫声十分响亮，除了利用空间优势产生共鸣以外，它还是双声囊，也就是说它在叫的时候，两颊就像吹出了两颗气球，相当的逗趣。可别看它一身棕色朴素样，它也是深藏不露型，鼓膜上的白圈，让它好像戴着耳机。这个特殊造型就成了这位怪咖的最大特征。

适应力极强的蛙

沼蛙的适应力特别强。它对栖息地的水源质量比较不敏感，所以在都市里有水池的地方都可以听到它洪亮的叫声。下次再听到不明的狗叫声，不妨悄悄靠近声源，仔细搜寻一下，也许就有机会看到这怪咖的庐山真面目。对了，请不要再乱报警了，消防队够忙的了！

好像戴耳机

沼蛙的鼓膜外围有一圈白线，让它好像戴了耳机，这是辨识它的最大特征。

沼蛙总是躲在洞穴或草丛里鸣叫，常常只闻其声不见其身。

PART 4

虫虫
怪咖

URBAN BUGS

CHI-CHI-CHI
CHI-CHI—

翅膀美！
镶红框

接地气歌手

黑蚱蝉 BLACK CICADA

别名　知了、红脉熊蝉。

大小　约3~4厘米。

羽化　每年的6~9月。

栖息地　城市公园、校园、绿地。

这个怪咖的成长期很长，一生多半时间都在地底下度过，但等到它一成年，爬出泥土羽化之后，它就开始每天卖力唱歌，一直唱到生命结束为止。我想它应该是在土里憋太久了！（哈）

夏日歌王

夏日正午，有一种昆虫根本无视火热的大太阳，仍然在树上奋力唱着歌，那一定就是蝉了。说真的，不得不佩服它的耐力，而且它的歌声实在不怎么好听，甚至有些恼人，但它从不在意旁人的眼光，从日出一直唱到日落，而且一整天都是同一个调！没办法，这就是它家自古流传至今的"蝉式情歌"。

夏日歌手 蝉靠着腹部的肌肉收缩，震动上方的瓣膜，并用空腹腔共鸣发出超大声音。

肚子空空声如洪钟

黑蚱蝉又称红脉熊蝉。"熊蝉"名字常常被误以为是"雄蝉"，所以当我介绍它时，常有人用崇拜的口气说："你真厉害，一眼就看出来是公的！"先别得意，不是你厉害，是他搞错了。不过，如果以歌声为依据，你可以铁口直断说，在叫的是公的！雄的黑蚱蝉肚子第二节的那个发音器，就是帮助它大鸣大放的乐器，橘黄色的瓣膜就像音箱的盖子，加上腹部的共鸣腔像扩音机，让小小的它可以发出犹如魔音传脑的超大歌声。

红脉熊蝉的金色至红色的翅脉是它的最大特征。

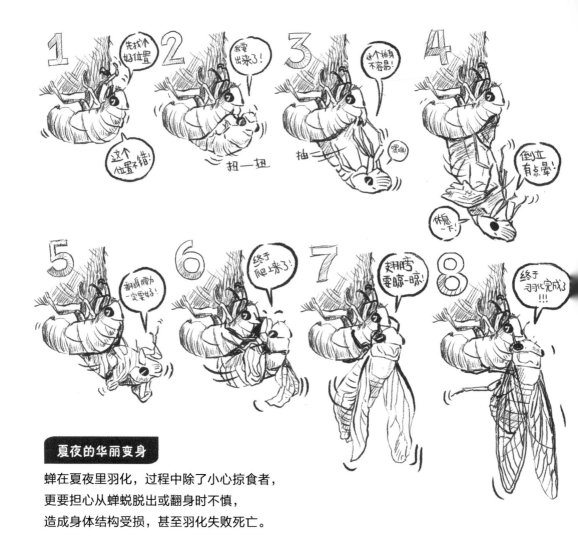

夏夜的华丽变身

蝉在夏夜里羽化，过程中除了小心掠食者，
更要担心从蝉蜕脱出或翻身时不慎，
造成身体结构受损，甚至羽化失败死亡。

地底下度过前半生

　　雄黑蚱蝉大唱情歌吸引雌蝉交配之后，就结束了它短短的生命——还真是为爱牺牲啊！而交配后的雌蝉会将卵产在树皮内，蝉卵孵化之后，若虫会躲入地底的土壤之中，度过数年的成长时光。通常4~5年，据说长的有12~13年，目前仍然没有定论，可能连黑蚱蝉自己都搞不太清楚！而蝉的成虫最后会在夏夜里爬出地面，摸黑回到树干上羽化，变成我们所熟知的蝉的模样。待天亮时，羽化完成的黑蚱蝉已经开始展开它们的求婚演唱会，而我们只能透过它们留在树上的衣服（蝉蜕）来追踪它们的生命轨迹了！

大小　体长约一厘米。

食物　雌蚊为了产卵需要的蛋白质而吸血。

栖息地　成体几乎无所不在，幼体在静水域里生活。

手痒要打 **蚊子**
MOSQUITOES

她拿出针头，往你的身体刺下去，动作迅速而轻巧……这个狠角色相当小，"她"是一只蚊子。你一定会说我歧视女性，凭什么是"她"咬人，而不是"他"？

其实啊，公蚊子是不吸血的，平时就以露水或植物汁液为生，咬人吸血的蚊子都是母的，是为了获取产卵时所需的营养，所以"她"也是有苦衷的，一切为了孩子啊！

叮人先涂痒痒水

蚊子在全世界有3000种以上的种类，但几乎都有令人讨厌的特性——咬人（只有少数种类例外）。它们叮人的过

咬人前的工作

蚊子吸血前会在皮肤上涂唾液，能润滑口器并防止血液凝固堵塞。

程其实很讲究，跟医院里护士打针时的标准流程很像，不同的是，蚊子会先在你的皮肤上涂上一层口水（唾液）而不是消毒酒精。它们的口水含有多种化学物质，可以润滑口器，并阻止血液凝固而引起阻塞，让人感到痒痒的原因其实是它们的口水所引起的过敏反应。

精细抽血工具

蚊子的口器并不只是一根刺针，而是由六根功能不同的"针"组成，分别负责切割、支撑、探索、穿刺、释放物质与虹吸。没想到吧，小小蚊子吸你一口血的过程，堪比外科手术般精细呢！

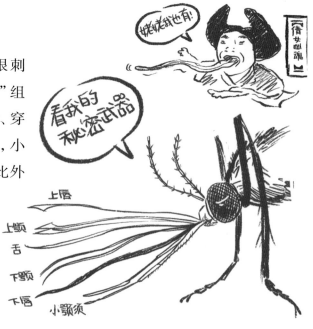

蚊子的口器

一共分为：上唇、上颚、舌、下颚、下唇、小颚须等六大构造。

小时海军长大空军

蚊子的嗡嗡声，绝对令人印象深刻。但那可不是叫声，而是它们的翅膀快速摆动产生涡流发出的声音，而且这种飞行方式，可以让它们像一台性能高超的战斗机，可以加速回旋、直线俯冲，四处发动攻击！不要以为它们只是空军飞行员，它们小的时候还是住在水里的，是精通水性的水军。它们的威力不容轻视，因为它们借由叮咬还会传播致命传染病，虽然这件事并不是它们自愿的。这怪咖还真是不能忽视的跨界超能刺客！

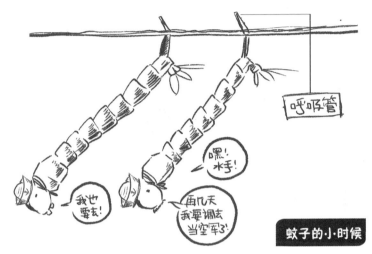

蚊子幼虫时期称为"孑孓"，生活在水中，待其成熟羽化变成成虫之后，才会在陆地上飞行。

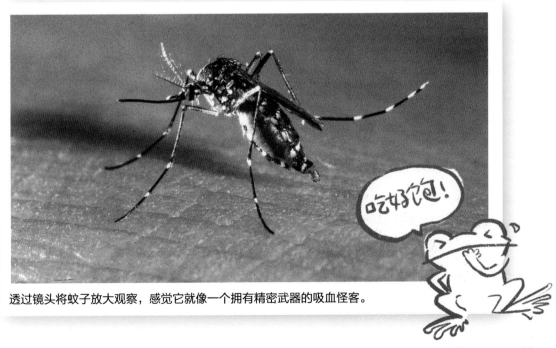

透过镜头将蚊子放大观察，感觉它就像一个拥有精密武器的吸血怪客。

高科技
侦测器

爬墙专用
"飞毛腿"

别名　美洲家蠊、美洲大镰。

大小　体长约3.5~4.5厘米。

食物　杂食性，偏好散发腐败气味的食物。

栖息地　人住哪儿它住哪儿。

美洲
蟑螂
超级巨星？
AMERICAN
COCKROACH

拖鞋
不要来!!

它是众所瞩目的焦点，只要它一出现大家就会盯着它的身影，看它要去哪儿、要做些什么。当然它也享有巨星等级的待遇——尖叫声。美洲蟑螂一直拥有许多关注，不过对它来说，压力一定很大，因为这些关注背后，都带着"杀气"！

美洲蟑螂一直是住家中相当常见的昆虫，它们也是蟑螂中族群最大也最常见的种类。蟑螂虽然在地球上熬过了亿万年，是相当古老的昆虫之一，在地球上拥有举足轻重的地位，但至今它们仍然在人类最讨厌的生物名单中名列前茅……

拥有超强气流传感器

不晓得有没有人调查过，美洲蟑螂的前三大死因到底是什么。我观察之后得出结论，应该是"拖鞋、蟑螂药、杀虫剂"，而且全是他杀没有意外！

但很奇怪的是，每次遇见蟑螂，当你杀气腾腾地举起拖鞋、抡圆膀子、倒吸一口气，然后一鼓作气使尽全力拍向它时，这怪咖似乎拥有预知能力，在拖鞋落下的同时，它已经早一步逃之夭夭。蟑螂这让人打不死的招式，完全归功于它们屁股上两根突出的尾毛。可别小看这两根尾须，它们上头的感觉毛可是超强的感觉器，一旦感知到环境里的震动与空气粒子中的扰动，就会启动雷达预警系统，身体发出空袭警报，让它们马上有所行动，狂奔或起飞，以最快速度一溜烟逃离现场。

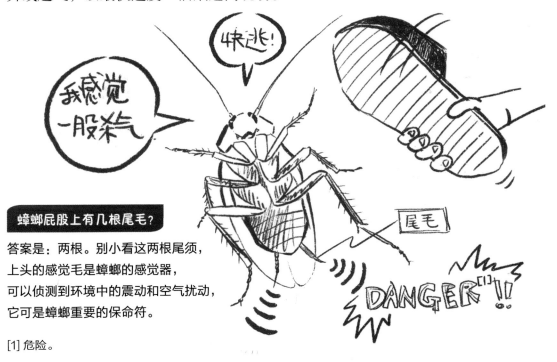

蟑螂屁股上有几根尾毛？

答案是：两根。别小看这两根尾须，上头的感觉毛是蟑螂的感觉器，可以侦测到环境中的震动和空气扰动，它可是蟑螂重要的保命符。

[1] 危险。

重要的飞毛腿

很少有人看到蟑螂的腿毛不会觉得恶心的。但蟑螂的腿毛可是它们相当重要的利器，腿毛会帮助蟑螂固定身体并增加着力点，如果没了腿毛，它们就很难在墙上到处攀爬，甚至快速地移动身体了，所以这才是名副其实的"飞毛腿"啊！

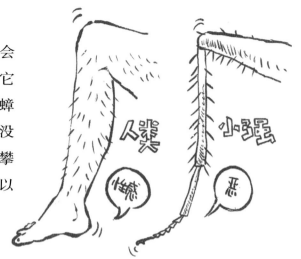

专挑包伙食的育婴中心

如果在家中墙角发现像红豆的东西，仔细看，这个有一道像拉链的椭圆体，应该是美洲蟑螂的卵鞘，也就是它的育婴房。这小小的卵鞘里面设有整排长型的房间，里面大约能孵化出14～16只小蟑螂。聪明的蟑螂妈妈会寻找靠近食物的地点，用口中的唾液紧紧地将卵鞘固定住，以确保宝宝一出生就有食物可以吃。它们几乎每个月都可产下一个卵鞘，而每粒卵鞘又能孵出15只左右的小蟑螂，所以掐指一算，没有多少时日，家中就能开美洲蟑螂同乡会了！实在不敢继续想下去了！

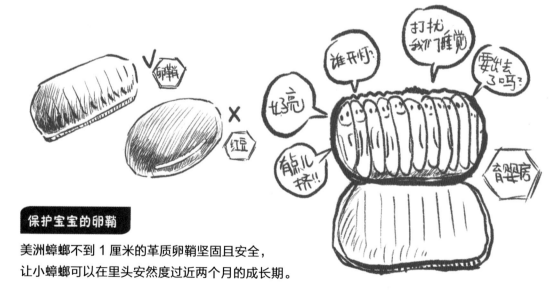

保护宝宝的卵鞘

美洲蟑螂不到1厘米的革质卵鞘坚固且安全，
让小蟑螂可以在里头安然度过近两个月的成长期。

蟑螂也会爱干净？

大多数人对蟑螂的印象都是"脏"。这个联想和它们吃的食物有关，尤其它们常常出现在厨余、垃圾堆里。它们的确是重口味啦，但是蟑螂本身其实是很爱干净的，它们一有空就会整理触须、脚，

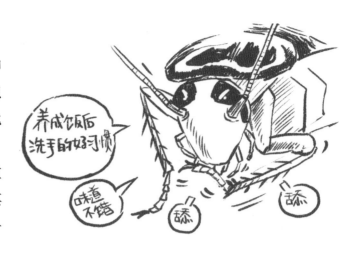

用嘴巴把这些地方清理干净。看它们在歪头清理触须的模样，感觉它们是有洁癖的怪咖虫子，实在无法相信这是大家害怕的蟑螂啊！

地球不能没有它

蟑螂这个存在于地球上至少有亿万年的生物，虽然到哪里都被人讨厌，但如果地球上少了这个讨厌鬼那可是会出大事的。大多数蟑螂靠腐败的有机物维生，所以如果少了它们，会有满满消化不完的碎屑与垃圾。它们除了是基层的清洁工，更是许多两栖类、鸟类与小型哺乳类动物的重要食物来源，所以蟑螂在地球上的地位还是相当重要的呀，如果它们消失将对世界造成相当大的影响。

不过如果人们还是无法接受与蟑螂共处的话，那就得好好反省了，因为家中如果出现蟑螂，就表示一定有食物碎屑、厨余等没有清理干净，才会引"螂"入室呀！（画外音：是该整理房间了……）

腿超长
身材一级棒
看到我可以
不尖叫吗!!

张牙舞爪大块头

白额巨蟹蛛

BROWN HUNTSMAN SPIDER

别名 白额高脚蛛、蠄蟧、蟧蜈。

大小 包括脚全长约 10~20 厘米。

食物 捕食蟑螂、苍蝇、蛾等昆虫为生。

栖息地 蟑螂住哪儿它就住哪儿。

在人类家中和蟑螂同样享受“巨星”待遇的，我想非白额巨蟹蛛莫属了。它在墙上迅速移动，再加上手长脚长放大版的模样，在家里初次遇上它的人，几乎很少不尖叫的，虽然都是受到惊吓之后的惊声尖叫……

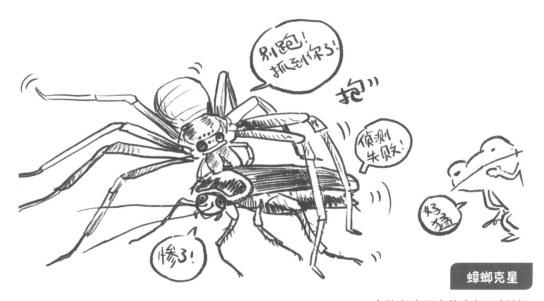

会住在房屋内的白额巨蟹蛛，
大多是冲着蟑螂而来的，它们可以说是蟑螂克星。

不结网的游猎蜘蛛

　　白额巨蟹蛛这个常常在家里出没的怪咖全长可以到20多厘米，手长脚长的模样肯定在很多人心中留下恐怖的阴影。不过它可不是故意来吓唬你的。白额巨蟹蛛会出现在你身边是有原因的！这种蜘蛛和我们印象中的蜘蛛不太一样，它是不结网的游猎分子，也就是哪里有食物，它就会追到哪里。所以它的出现与食物有关，它最爱的美食之一就是蟑螂。为了追捕蟑螂，它才会潜入我们的住家。

行动育婴房，宝宝带着走

　　有时候在家里看到的白额巨蟹蛛肚子下方附着一个白色的物体，好似穿了白色的蓬裙。其实这是雌巨蟹蛛抱卵游走的护卵行为。它的卵囊为圆盘状，在交配产卵之后，为了保护卵，它会用丝做成卵囊，并用触肢将卵囊固定在自己的腹部下方。这样子蛛妈妈就可以一边四处游走，一边保护自己的宝宝了。

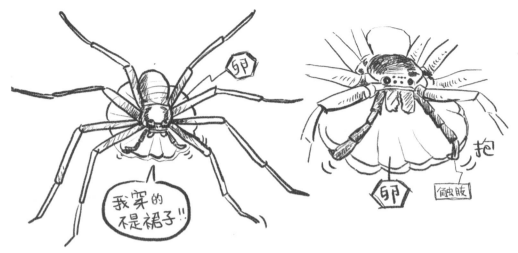

带着卵囊四处走 雌白额巨蟹蛛会抱着卵囊约两周，一直到小蜘蛛完全孵化。

老背黑锅的居家功臣

　　消灭人人讨厌的蟑螂，本应令人喜爱才对，但因为它其貌不扬，还背了个大黑锅——小时候常听长辈说"被大蜘蛛喷到尿，皮肤会烂掉"的传说，后来经证实发现巨蟹蛛并不会喷尿，引发皮肤溃烂的是"隐翅虫"的体液。虽然它长得不好看，但也算是居家功臣之一，不要再伤害无辜了好吗？如果你还是很害怕，记得把家里打扫干净，不要残留食物碎屑，因为只有远离蟑螂才能不见"大蜘蛛"！

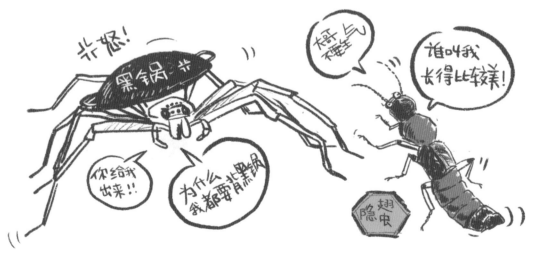

怪客隐翅虫 隐翅虫体内含有刺激性"隐翅虫素"，触碰会引发皮肤溃烂。所以见到隐翅虫千万不要打死它，最好吹气将它移走。

PART 5
外来
怪咖
URBAN ALIENS

别名　褐云玛瑙螺、菜螺。

大小　一般约为6~8厘米，最大可长到约20厘米。

食物　各种蔬菜水果与植物嫩芽。

栖息地　偏潮湿环境，公园与绿化带。

巨无霸吃货

非洲大蜗牛 GIANT AFRICAN SNAIL

夏天雨后，在路边绿化带上最常看到"蜗牛地雷"了。它们有大有小在路上缓慢爬行。你若不仔细看路，它们就会变成你脚下的冤魂了！而这些蜗牛有一大部分是家乡在遥远非洲大陆的非洲大蜗牛。

变男变女随心所欲

　　非洲大蜗牛有着细长斑纹螺壳，超大体形让它在蜗牛世界里算是一个巨无霸。它们原本栖息在非洲东部，原本是被当作食物，却因为饲养管理不当，让它们跑到野外。没想到它们对环境的适应力极强，全都存活下来，再加上它们雌雄同体，能够"变男变女变变变"，所以只要两只非洲蜗牛在一起就能繁殖（异体繁殖），因此在几十年后它们已经称霸国内，甚至族群还扩张到世界各地，成为世界上种群最庞大的蜗牛之一。

体形硕大的头号公敌

　　比起本土蜗牛，这个外来的非洲大蜗牛体形硕大且食量惊人，它们吃遍果园、菜园、农地，连多种植物的嫩芽、花苞都吃，难怪个头好壮。但这样不挑食使得族群急速暴增，也压缩了本土蜗牛的生存空间，更是令农人头痛的头号公敌。

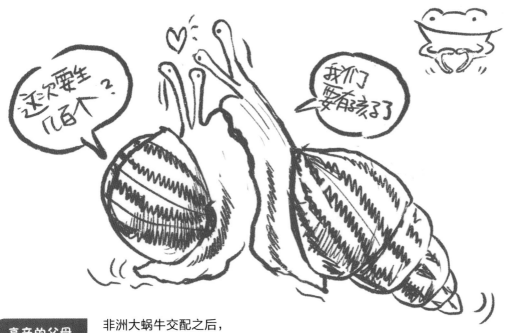

高产的父母 非洲大蜗牛交配之后，每次可以产下约 50~500 颗左右的卵，是繁殖力极强的生物。

不挑食的大胃王

各种农作物的嫩叶都是它喜爱的食物，
有些还偏爱碎屑与腐烂的植物，
可说是不挑食的大胃王。

自制安全门保平安

在夏天或缺雨的时节，常常可以看到非洲大蜗牛一动也不动地蛰伏在墙角。原本以为它们已经死亡，仔细观察发现，非洲大蜗牛为躲避干旱，会将身体缩入壳内深处，并且分泌黏液在壳口做上一层像"门"的封膜，把自己关起来防止自己脱水。它们会这样一直待到下雨，环境湿润时才会出来活动。有如此高超的保命技巧，也难怪它们的族群能一直扩大下去。

把自己封起来

非洲大蜗牛没有口盖（厣），但会在壳口分泌黏液形成的一层"假口盖"（膜厣）来保护自己。

罗非鱼
TILAPIA

外来鱼霸王

别名　吴郭鱼、非洲鲫鱼。

大小　成体可长至约 20~60 厘米。

食物　杂食性，以浮游生物、藻类、水生植物为食。

栖息地　低海拔水域与池塘。

在公园水池里，甚至许多河川里，最常见的鱼类就是罗非鱼了。但罗非鱼是个鸠占鹊巢式的外来移民，我们惯称的"罗非鱼"只是通称俗名，其实代表的是种类众多的罗非鱼属（Oreochromis）鱼类。

有着九命怪猫的强韧生命力

这种原来家住非洲莫桑比克的鱼，在1954年前后引入华南地区养殖，被取名为"罗非鱼"。这外来移民适应力极强，无论水域深浅，在淡水，或出海口咸淡水交界处，都可以生存。甚至在浅水、溶氧量极差的水域中，其他鱼都死掉了，罗非鱼也可以存活下来。罗非鱼犹如九命怪猫的强韧生命力，让它们称霸世界各大水域！杂食性的它们强势存在，也危害到本土鱼类的生存空间。

外来坏邻居

外来种的罗非鱼会与本土鱼类抢食，甚至捕食其他鱼的鱼卵与幼鱼。

超有爱的超级保姆

虽然有了罗非鱼的俗名，但它属于"丽鱼科（Cichlidae）"，也被称为"慈鲷（diāo）"。这个名字也是很有意思，因为这一类的鱼，会有保护卵和幼鱼的行为，感觉很有爱，所以才称它们为"慈"鲷。有些种类的慈鲷爸妈会先在河滩地上用鳍挖出圆形浅盘状的坑做巢，然后产卵在巢中。产出卵粒之后，它们会把全部卵粒含于口中，直到孵化。孵化后刚会游泳的鱼苗还是会游到亲鱼口中寻求保护，等幼鱼长大一些，它们还会改成在身边贴身巡护，是十足的模范家长！

慈鲷保护幼鱼的方式相当特别，但也让我不禁联想，它们在带孩子的时候会不会突然咳嗽或噎到，一不小心把宝宝或卵吞到肚子里呢？

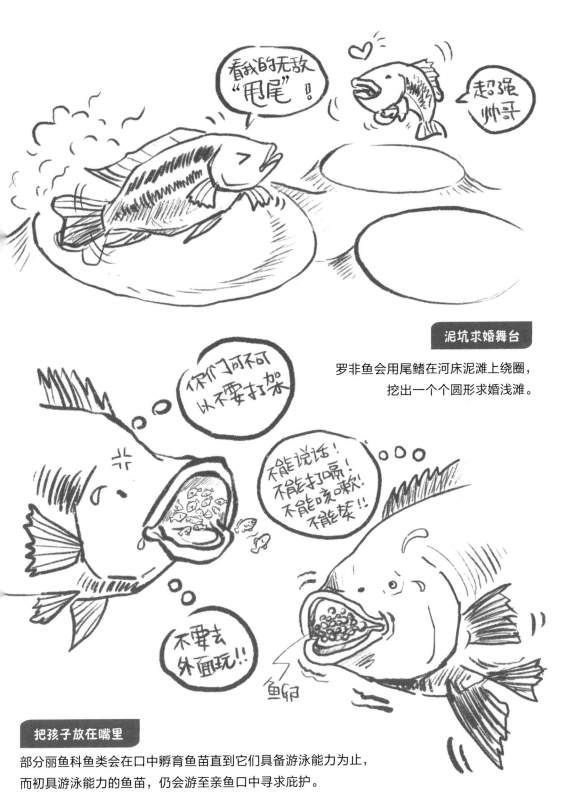

泥坑求婚舞台

罗非鱼会用尾鳍在河床泥滩上绕圈，挖出一个个圆形求婚浅滩。

把孩子放在嘴里

部分丽鱼科鱼类会在口中孵育鱼苗直到它们具备游泳能力为止，而初具游泳能力的鱼苗，仍会游至亲鱼口中寻求庇护。

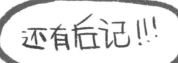

还有后记!!!

关于跟踪

"嘘!来了,动作小一点!""它今天中午吃了一只蜥蜴!""Oh,My God!交尾交尾,我拍到了!!"以上是我的日常的心理小剧场。虽然说我是怪咖动物侦探,其实你不觉得更像狗仔队?因为长时间都在跟踪动物,情绪都随着它们的一举一动而波动。有时候跟踪一种动物,一跟就是一整天,不是冷就是热,还又饿又渴,不然就是捐血给蚊子,而且在城市里不比野外,鬼祟举动常常引起路人侧目。但这一切都无所谓,因为是真爱啊!所以这本书里的八卦,都是我辛辛苦苦用"命运交响曲"——"等、等、等、等"来的,所以都是血与汗的结晶呀!

关于对白

有次公园出现一对领角鸮宝宝,树下有二三十支大炮镜头对着它们拍摄。本来白天是它们的睡眠时间,但是一群摄影"老法师"为了拍它们睁开眼睛的样子,拼命发出怪声要吵醒它们。我看到领角鸮宝宝们微张着眼睛看了一下,然后往一旁别了一下头,那样子仿佛是很无奈地说:"天啊,你们到底想怎样!!"其实每次观察动物,我都会想,如果它们会说话,应该会说什么?看到媒体圈流行会配合时事,帮明星在照片上加入一些有意思的"设计对白",我试着把主角换成动物,因此在这本书里的动物们有大量的设计对白,希望透过它们有点恶趣味的对话,让大家更加了解它们的心声,让我也过过伪"动物沟通师"的瘾。

所以,被我画的动物们,如果有说错话的,请多多包涵啊!!

关于绘制

　　本书里的插画都是使用 New iPad Pro 与 Apple Pencil 绘制的，对以往惯用纸笔绘制插画的我是全新挑战。但因为数码器材的便利性，让我可以随身携带着一整套彩绘工具组东奔西走，而且随时随地可以画。比如花龟这一篇就是我带着 iPad 在阳台上一边观察我的宠物小斑一边画的，不过如果 iPad 还附带驱蚊功能就好了，因为蚊子实在有点多，被送了很多"包"！（但我没来得及画这只蚊子，因为它扁掉了！）。使用数位绘制缺点是没有实体画作，但好处是可以修改，这对动物的姿势拿捏有很大帮助，可以更准确绘出想传达的知识，真是我记录自然的好帮手。

图书在版编目（ＣＩＰ）数据

怪咖动物侦探：我们的野生邻居 / 黄一峯著 . --
北京：中国友谊出版公司 , 2022.7

ISBN 978-7-5057-5403-4

Ⅰ.①怪… Ⅱ.①黄… Ⅲ.①动物－普及读物 Ⅳ.
①Q95-49

中国版本图书馆 CIP 数据核字 (2022) 第 022648 号

著作权合同登记号　图字：01-2022-2277

书名	**怪咖动物侦探：我们的野生邻居**
作者	黄一峯
出版	中国友谊出版公司
发行	中国友谊出版公司
经销	新华书店
印刷	河北中科印刷科技发展有限公司
规格	720×1000 毫米　16 开
	7.5 印张　99 千字
版次	2022 年 7 月第 1 版
印次	2022 年 7 月第 1 次印刷
书号	ISBN 978-7-5057-5403-4
定价	45.00 元
地址	北京市朝阳区西坝河南里 17 号楼
邮编	100028
电话	（010）64678009